21世纪高等学校系列教材 电子信息

电工电子技能实训项目教程

任江波　付雯　杨杰　主编

何金焕　张海平　杨家财　霍　亮

常开洪　田　欢　沈　亮　肖新耀　副主编

U0227692

清华大学出版社

北京

<h2 style="text-align:center">内 容 简 介</h2>

本书以项目化结构精心设计教学任务,本着任务驱动的教学设计和"做中教、做中学"的教学思路,将传统的用电安全、电工基础、模拟电子技术、数字电子技术相关的知识点和技能点分解到各个项目中,将相关定理、概念、常识、职业规范、工艺要求、计算、技术标准等相关内容以知识链接的形式呈现在教材中,以达到教师好用、学生易学的目的。

全书共设 11 个项目,分别是电工作业安全规范、电工工具的使用、直流电路的测量、家居电路的设计与安装、电气控制电路的设计与安装、可调稳压电源电路的装配与调试、简易助听器的装配与调试、三人表决器的安装与调试、八路抢答器的安装与调试。使用者可根据专业和课时数选择教学内容。

本书适合作为高职高专自动化、机电、工业机器人及相关专业基础课教材,同时可为同等学力人员自学提供参考。

图书在版编目(CIP)数据

电工电子技能实训项目教程/任江波,付雯,杨杰主编. —北京:清华大学出版社,2022.7(2024.8重印)
21 世纪高等学校系列教材.电子信息
ISBN 978-7-302-61194-3

Ⅰ.①电… Ⅱ.①任…②付…③杨… Ⅲ.①电工技术-高等学校-教材②电子技术-高等学校-教材 Ⅳ.①TM②TN

中国版本图书馆 CIP 数据核字(2022)第 110157 号

责任编辑:贾   斌
封面设计:傅瑞学
责任校对:胡伟民
责任印制:曹婉颖

出版发行:清华大学出版社
   网   址:https://www.tup.com.cn, https://www.wqxuetang.com
   地   址:北京清华大学学研大厦 A 座   邮 编:100084
   社 总 机:010-83470000   邮 购:010-62786544
   投稿与读者服务:010-62776969, c-service@tup.tsinghua.edu.cn
   质量反馈:010-62772015, zhiliang@tup.tsinghua.edu.cn
   课件下载:https://www.tup.com.cn, 010-83470236
印 装 者:三河市科茂嘉荣印务有限公司
经 销:全国新华书店
开 本:185mm×260mm 印 张:13.75   字 数:345 千字
版 次:2022 年 7 月第 1 版   印 次:2024 年 8 月第 3 次印刷
印 数:2501~3300
定 价:45.00 元

产品编号:094914-01

前　言

　　职业教育主张项目化教学,项目化教材是与之匹配的教学资料。根据电工人员从事的工作岗位需要和技能型人才的职业发展需要,电工电子教材应该转变为更适合技能型人才学习的项目化教材。

　　本教材的内容来源于电气设计、电气安装等工作岗位的工作任务,以项目的形式组织学习内容。每个项目按照由浅入深、由简单到复杂的原则组织各个任务,每个任务又分解为各个子任务。本教材有利于学生在学习过程中学习知识、运用知识。除此之外,学生能够了解知识在实际生活中的应用领域。

　　全书共分9个项目:项目1为电工作业安全规范,重点培养学生熟悉电工个人防护用品、安全标识,掌握触电急救措施,能完成心肺复苏操作,知道如何预防电气火灾并能够处理电气火灾;项目2为电工工具的使用,重点培养学生熟悉锡焊、电烙铁、万能板、元器件,能使用电烙铁焊接电路;项目3为直流电路的测量,重点培养学生熟悉欧姆定律、电路的工作状态、电阻的三种联接关系、基尔霍夫定律,能够分析并计算直流电路;项目4为家居电路的设计与安装,重点培养学生熟悉单相交流电,能绘制家居电路和安装家居电路;项目5为电气控制电路的设计与安装,重点培养学生熟悉电动机控制电路原理,能绘制与安装电动机控制电路;项目6为可调稳压电源电路的装配与调试,重点培养学生熟悉稳压器件、稳压电路输出信号,能安装、调试稳压电路;项目7为简易助听器的装配与调试,重点培养学生识读晶体管放大电路,熟悉电子元器件,能识别、检测电子元器件,能安装并调试晶体管放大电路;项目8为三人表决器的装配与调试,重点培养学生识读三人表决器电路原理图,熟悉三人表决器电路的工作原理,能安装、调试表决器电路;项目9为八路抢答器的装配与调试,重点培养学生识读八路抢答器电路,熟悉八路抢答器电路的工作原理,能安装、调试八路抢答器电路。

　　本教材可用于高等职业院校电工电子技术课程、电路课程,适合大专生、本科生和具有同等学力的人员使用,感谢各位老师的努力付出。

编　著

2022 年 6 月

目　录

项目1 电工作业安全规范

总体学习目标

- 熟悉个人防护用品
- 熟悉安全标识
- 熟悉触电救援措施
- 熟悉徒手心肺复苏
- 熟悉电气火灾预防
- 能使用灭火器灭火

项目描述

某新建居民小区共有居民 200 户,具有变电站、火灾报警系统、电能管理系统、消防等设施。从交付业主后,物业公司的电工人员或者电网公司工作人员担负整个小区电气安全检查、维护、电气火灾救援工作,工作内容涉及电路检修、电气设备安装、安全隐患排除、触电事故应急处理、电气火灾救援等。在该小区,电工人员每天在规定的工作时间完成电工作业。

任务1 安全用电规范

学习目标

- 熟悉个人防护用品
- 熟悉安全标识
- 能选配个人防护用品
- 能安放安全标识

任务要求

电工上岗工作前必须携带必要的安全工作防护用品,并且在工作场地合理使用安全标识。在该小区,电工人员即将开展电工作业。根据工作的需要,电工人员将检查安全工作防护工具[4]以及安全标识,并记录检查结果(见表 1.1)。

表 1.1　防护用品及安全标识检查情况表

安全帽	使用起始时间：　　　　　使用期：　　　年 外观情况：	
	帽壳	□完好□破损
	帽箍	□完好□破损
	顶衬	□完好□破损
	下颚带	□完好□破损
	后扣(帽箍扣)	□完好□破损
	帽壳与顶衬的缓冲空间距离	mm
	高压近电报警安全帽音响部分	□完好□破损
安全带	使用起始时间：	使用期：
	卡环(钩)是否有保险装置	□是□否
	使用长度　　　　m,是否有缓冲器	□是□否
	外观情况：	
	组件完整、无短缺、无伤残破损	□完好□破损
	绳索、编带无脆裂、断股或扭结	□完好□破损
	金属配件无裂纹、焊接无缺陷、无严重锈蚀	□完好□破损
	挂钩的钩舌咬口平整不错位,保险装置完整可靠	□完好□破损
	铆钉无明显偏位,表面平整	□完好□破损
脚扣	金属母材及焊缝是否有裂纹及可目测到的变形	□是□否
	橡胶防滑块是否完好,无破损	□是□否
	皮带是否完好,无裂缝或严重变形	□是□否
	皮带是否有霉变	□是□否
	小爪是否连接牢固,活动灵活	□是□否
	在杆根处用力试登,脚扣是否有变形或破损	□是□否
绝缘手套	是否发粘	□是□否
	是否有裂纹	□是□否
	是否破口(漏气)	□是□否
	是否有气泡	□是□否
	是否发脆	□是□否
绝缘杆	绝缘杆堵头是否破损	□是□否
绝缘隔板	厚度　　　　mm	
	表面是否洁净	□是□否
	端面是否有分层或开裂	□是□否
	绝缘罩是否整洁	□是□否
	是否有裂纹或损伤	□是□否
电容型验电器	是否标注电压等级	□是,等级□否
	是否标注制造厂	□是,等级□否
	是否标注出厂编号	□是,等级□否
	工作电压　　　　V	

续表

绝缘靴	是否有外伤	□是□否
	是否有裂纹	□是□否
	是否有漏洞	□是□否
	是否有气泡	□是□否
	是否有毛刺	□是□否
	是否有划痕	□是□否
绝缘胶垫	是否有割裂	□是□否
	是否破损	□是□否
	厚度是否减薄	□是□否
接地线	截面积　　　　　mm²	
	是否有透明外护层	□是□否
	接线夹是否可用	□是□否
梯子	可承受重量	
过滤式防毒面具	面型号码	
	气密性是否良好	□是□否
	是否完整、无破损	□是□否
	滤毒罐是否失效	□是□否
	过滤剂是否有过滤作用	□是,已使用时间 □否
正压式消防空气呼吸器	面罩号码	
	面罩是否完整、无破损	□是□否
	面罩气密性是否良好	□是□否
SF6 气体检漏仪	气体含量显示器是否正常显示	□是□否
已有安全标识		

知识链接

1. 安全工作防护用品

1）低压验电笔

低压验电笔（图1.1）也叫测电笔、试电笔，是电工常用的一种辅助安全工具，用于检查500V以下导体或各种用电设备外壳是否带电（即是否和大地之间有电位差）。

低压验电器由金属探头、氖泡、安全电阻、弹簧、尾端金属体组成。

使用注意事项：

- 使用前应确认被测设备电压等级，正确选择所使用的验电笔电压等级。
- 在使用时，必须要手握笔帽端金属挂钩或尾部螺丝，笔尖金属探头接触带电设备，湿手不能验电，不能用手接触笔尖金属探头。
- 在验电时，操作人员应注意与带电设备保持安全距离。

图 1.1　低压验电笔

- 强光及阳光下操作时,应遮挡光线直照,避免氖泡发光看不清。

2）低压绝缘手套

用途:绝缘手套是带电作业中重要的人身防护用品(图1.2),特别是属于个人专用的防护用品,因此应选用合格并适合个人手掌尺寸,工作感觉舒适的手套。

结构:用橡胶制成手掌、手腕、分岔、袖套、袖边等。

使用注意事项:

- 手套使用时应戴入手腕以上20cm,并包入衣服袖口。
- 试验电压、最大使用电压。
- 产品生产批号及出厂试验日期等。
- 使用前要做充气检查,发现漏气、破损不得使用。

3）低压绝缘鞋

用途:绝缘鞋是带电作业中辅助的个人安全用具(图1.3),电压等级一般可以分为6kV绝缘牛革面皮鞋、20kV绝缘胶靴、5kV绝缘布面胶鞋,适应不同电压等级的环境下使用。

结构:按材质可分为电绝缘皮鞋、电绝缘布面胶鞋、电绝缘胶面胶鞋等。按帮面高度可分为低帮、高帮、半筒、高筒等。

使用注意事项:

- 使用低压绝缘鞋时,应避免接触锐器、高温和腐蚀性物质,防止鞋受到损伤,影响绝缘性能。
- 帮底有腐蚀、破损之处,不能使用。
- 穿绝缘鞋时,裤脚管不得长过鞋底外沿高度,更不得长及地面,应保持鞋帮干燥。

4）安全帽

用途:为头部防护工具。防止物体打击头部伤害、高处坠落物头部伤害、机械性损伤、污染毛发伤害(图1.4)。

图1.2　低压绝缘手套　　　　图1.3　低压绝缘鞋　　　　图1.4　安全帽

结构:帽壳、帽衬、帽箍、顶衬、下颚带。

使用注意事项:

- 安全帽戴好后帽箍扣应调到合适位置。
- 拴好下颚带,以防止在工作中帽子滑落与碰掉。
- 不得将安全帽当凳坐。

5）防护眼镜

用途:主要是防护眼睛和面部免受紫外线、红外线和微波等电磁波的辐射,粉尘、烟尘、金属和砂石碎屑以及化学溶液溅射的损伤(图1.5)。

结构：透明镜片、镜框、镜框镜腿、两侧防护、眉位护架。

使用注意事项：

- 护目镜的宽窄和大小要适合使用者的脸型。
- 镜片磨损粗糙、镜架损坏,会影响操作人员的视力,应及时调换。
- 护目镜要专人使用,防止传染眼病。
- 防止重摔重压,防止坚硬的物体磨擦镜片和面罩。

6) 绝缘夹钳

用途：是用于拆卸和安装高压熔断器或执行其他类似工作的基本安全用具(图1.6)。主要用于35kV及以上的电压等级。

图1.5　防护眼镜　　　　图1.6　绝缘夹钳

结构：由工作钳口、绝缘部分和握手部分组成。

使用注意事项

- 使用于带电设备区域；5kV绝缘胶垫厚度不小于3mm,10kV绝缘胶垫厚度不小于5mm。
- 绝缘垫使用时应避免暴露在高温、阳光下,避免接触油脂、酸、碱等物质。
- 应避免尖锐物刺伤和划痕。
- 当绝缘垫污损时,可用温水或肥皂水清洗,再用滑石粉进行干燥处理。

7) 绝缘垫

用途：绝缘胶垫主要用在配电房、配电所(图1.7),用于配电设施地面的铺设,起到绝缘效果,辅助安全用具。

结构：绝缘橡胶垫主要采用胶类绝缘材料制作,具有较大体积电阻率和耐电击穿的胶垫。

8) 携带型接地线

用途：对电气设备进行停电检修或作其他工作时,为防止检修设备突然来电或邻近设备产生感应电压对工作人员造成伤害所采用的基本安全用具(图1.8)。有时也可起到放尽残余电荷的作用。

结构：由线钩、多股软铜线、操作杆、接地端线夹等组成。

使用注意事项：

- 装拆接地线时应由两人进行,一人操作,一人监护。
- 装设接地线时应戴绝缘手套,使用绝缘棒。
- 接地线装设时应先接地,验明确无电压后,立即装设导体端。拆除时与装设顺序相反。

- 连接要牢固,严禁采用缠绕方法连接。
- 装设接地线时人体不得碰触接地线和未接地的导线。

9) 脚扣

用途:用于电工攀登电杆的主要安全用具,主要分木杆用脚扣和水泥杆脚扣两种(图1.9)。

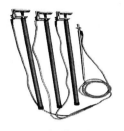

　　图1.7　绝缘垫　　　　　　图1.8　携带型接地线　　　　　图1.9　脚扣

结构:木杆用脚扣由带齿的金属半圆环和脚踏跟部、小爪、皮带组成。水泥脚扣由带橡胶的金属半圆环和脚踏跟部、小爪、皮带组成。

使用注意事项:

- 正式登杆前在杆根处用力试登,判断脚扣是否有变形和损伤。
- 扣紧脚踏根部皮带,根据登杆杆径的大小调整脚扣尺寸。
- 特殊天气使用脚扣时,应采取防滑措施。
- 严禁从高处往下扔摔脚扣。

10) 安全带

用途:高空作业人员防止高空坠落伤亡事故的防护用具(图1.10)。

组成:安全带由带子、绳子、金属扣件组成。常用的安全带有围杆作业安全带、悬挂作业安全带,一般电工杆上作业适用围杆作业安全带。

使用注意事项:

- 安全带应高挂低用或平行栓挂,严禁低挂高用。
- 安全带上的配件不准随意拆除或不用,更换新保护绳要有加强套。
- 安全带应系在牢固的物体上,不得系在不固定的或移动物体上,不得挂在棱角锋利处。
- 在杆塔上工作时,应将后备安全绳系在安全牢固的构件上。

11) 登高板

用途:登高板又称踏板,是电工攀登电杆的主要安全用具(图1.11)。

结构:登高板由脚踏板、绳索、铁钩、心形环组成。

使用注意事项:

- 踏板挂钩时必须正勾,勾口向外、向上,切勿反勾,以免造成脱钩事故。
- 上杆时,左手扶住钩子下方绳子,然后必须用右脚脚尖顶住水泥杆塔上,防止踏板晃动,左脚踏到左边绳子前端。
- 为了保证在杆上作业使身体平稳,不使踏板摇晃,站立时两腿前掌内侧应夹紧电杆。

图 1.10 安全带

图 1.11 登高板

2. 安全标识

工作人员不应擅自移动或拆除遮栏、标识牌。标识牌式样见表 1.2。

表 1.2 电工作业安全标识牌

名 称	悬挂处	式 样		图 例
		颜色	字样	
禁止合闸,有人工作!	一经合闸即可送电到施工设备的隔离开关(刀闸)操作把手上	白底,红色圆形斜杠,黑色禁止标志符号	黑字	
禁止合闸,此线路有人工作	线路隔离开关(刀闸)把手上	白底,红色圆形斜杠,黑色禁止标志符号	黑字	
在此工作!	工作地点或检修设备上	衬底为绿色,中有直径 200mm 和 65mm 白圆圈	黑字,写于白圆圈中	
止步,高压危险!	施工地点临近带电设备的遮栏上;室外工作地点的围栏上;禁止通行的过道上;高压试验地点;室外构架上工作地点临近带电设备的横梁上	白底,黑色正三角形及标志符号,衬底为黄色	黑字	

续表

名　称	悬挂处	式样		图　例
		颜色	字样	
从此上下！	工作人员可以上下的铁架、爬梯上	衬底为绿色,中有直径 200mm 白圆圈	黑字写于白圆圈中	
从此进出！	室外工作地点围栏的出入口处	衬底为绿色,中有直径 200mm 白圆圈	黑体黑字,写于白圆圈中	
禁止攀登,高压危险！	高压配电装置构架的爬梯上,变压器、电抗器等设备的爬梯上	白底,红色圆形斜杠,黑色禁止标志符号	黑字	

任务 2　触电急救措施

学习目标

- 熟悉脱离电源的方法
- 熟悉触电现场救护措施
- 熟悉心肺复苏方法
- 能判断触电人员状态
- 能现场救援触电人员
- 能处理触电人员外伤
- 能徒手完成心肺复苏操作

任务要求

在小区开展作业过程中,某个电工人员意外触电。该人员需要触电救援,所以请先将触电人员脱离电源,并判断触电人员状态,然后采用单人徒手完成心肺复苏操作,记录表见表 1.3。

表 1.3　触电现场应急处理办法记录表

触电电压类型：□高压□低压

触电人员状态：

□未失去知觉□已失去知觉,但心跳和呼吸未停止□呼吸和心跳已停止

是否有外伤□是□否

知识链接

1. 脱离电源方法

触电急救的第一步是使触电者迅速脱离电源,因为电流对人体的作用时间越长,对生命的威胁越大。具体方法如下：

1) 脱离低压电源的方法

脱离低压电源可用"拉""切""挑""拽""垫"五字来概括。拉：指就近拉开电源开关、拔出插头或瓷插熔断器。切：当电源开关、插座或瓷插熔断器距离触电现场较远时,可用带有绝缘柄的利器切断电源线。切断时应防止带电导线断落触及周围的人体。多芯绞合线应分相切断,以防短路伤人。挑：如果导线搭落在触电者身上或压在身下,这时可用干燥的木棒、竹竿等挑开导线,或用干燥的绝缘绳套拉导线或触电者,使触电者脱离电源。拽：救护人可戴上手套或在手上包缠干燥的衣服等绝缘物品拖拽触电者,使之脱离电源。如果触电者的衣裤是干燥的,又没有紧缠在身上,救护人员可直接用一只手抓住触电不贴身的衣裤,将其拉脱电源,但要注意拖拽时切勿触及触电者的皮肤。也可站在干燥的木板、橡胶垫等绝缘物品上,用一只手将触电者拖拽开来。垫：如果触电者由于痉挛,手指紧握导线,或导线缠绕在身上,可先用干燥的木板塞进触电者身下,使其与地绝缘,然后再采取其他办法把电源切断。

2) 脱离高压电源的方法

由于装置的电压等级高,一般绝缘物品不能保证救护人的安全,而且高压电源开关距离现场较远,不便拉闸。因此,使触电者脱离高压电源的方法与脱离低压电源的方法有所不同。通常的做法是：

(1) 立即电话通知有关供电部门拉闸停电。如果电源开关离触电现场不太远,则可戴上绝缘手套,穿上绝缘靴,拉开高压断路器,或用绝缘棒拉开高压跌落熔断器以切断电源。

(2) 往架空线路抛挂裸金属软导线,人为造成线路短路,迫使继电保护装置动作,从而使电源开关跳闸。抛挂前,将短路线的一端先固定在铁塔或接地引下线上,另一端系重物。抛掷短路线时,应注意防止电弧伤人或断线危及人员安全,也要防止重物砸伤人。

(3) 如果触电者触及断落在地上的带电高压导线,且尚未确认线路无电之前,救护人员不可进入断线落地点8～10m的范围内以防止跨步电压触电。进入该范围的救护人员应穿上绝缘靴或临时双脚并拢跳跃地接近触电者。触电者脱离带电导线后应迅速将其带至8～10m以外,立即开始触电急救。只有在确认导线已经无电时,才可在触电者离开导线后

就地急救。

2．现场救援措施

抢救触电者首先应使其迅速脱离电源，然后立即就地抢救。关键是"判别情况与对症救护"，同时派人通知医务人员到现场。根据触电者受伤害的轻重程度，现场救护有以下几种措施：

1）触电者未失去知觉的救护措施

如果触电者所受的伤害不太严重，神志尚清醒，只是心悸、头晕、出冷汗、恶心、呕吐、四肢发麻、全身乏力，甚至一度昏迷但未失去知觉，则可先让触电者在通风暖和的地方静卧休息，并派人严密观察，同时请医生前来或送往医院救治。

2）触电者已失去知觉的抢救措施

如果触电者已失去知觉，但呼吸和心跳尚正常，则应使其舒适地平卧着，解开衣服以利呼吸，四周不要围人，保持空气流通，冷天应注意保暖，同时立即请医生前来或送往医院诊治。若发现触电者呼吸困难或心跳失常，应该立即施行人工呼吸或胸外心脏按压。

3）对"假死"者的急救措施

如果触电者呈现"假死"现象，则可能有三种临床症状：一是心跳停止，但尚能呼吸；二是呼吸停止，但心跳尚存（脉搏很弱）；三是呼吸和心跳均已停止。"假死"症状的判定方法是"看""听""试"。"看"是观察触电者的胸部、腹部有无起伏动作；"听"是用耳贴近触电者的口鼻处，听有无呼气声音；"试"是用手或小纸条测试口鼻有无呼吸的气流，再用两手指轻压一侧喉结旁凹陷处的颈动脉有无搏动感觉。若既无呼吸又无颈动脉搏动感觉，则可判定触电者呼吸停止，或心跳停止，或呼吸、心跳均停止。"看""听""试"的操作方法如图 1.12 所示。

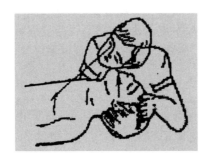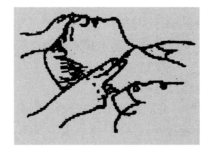

图 1.12　判定"假死"的看、听、试

3．外伤处理

触电事故发生时，伴随触电者受电击或电伤常会出现各种外高伤，如皮肤创伤、渗血与出血、摔伤、电灼伤等。外伤救护的一般做法是：

1）对于一般性的外伤创面

可用无菌生理盐水或清洁的温开水冲洗后，再用消毒纱布或干净的布包扎，然后将伤员送往医院。救护人员不得用手直接触摸伤口，也不准在伤口上随便用药。

2）伤口大出血

立即用清洁手指压迫出血点上方，也可用止血橡皮带使血流中断。同时将出血肢体抬高或高举，以减少出血量，并火速送医院处置。如果伤口出血不严重，可用消毒纱布或干净的布料叠几层，盖在伤口处压紧止血。

3）高压触电造成的电弧灼伤

往往深达骨骼，处理十分复杂。现场可先用无菌生理盐水冲洗，再用酒精涂擦，然后用消毒被单或干净布片包好，速送医院处理。

4）对于因触电摔跌而骨折的触电者

应先止血、包扎，然后用木板、竹竿、木棍等物品将骨折肢体临时固定，速送医院处理。发生腰椎骨折时，应将伤员平卧在平硬木板上，并将腰椎躯干及两侧下肢一并固定以防瘫痪，搬动时要数人合作，保持平稳，不能扭曲。

5）遇有颅脑外伤

应使伤员平卧并保持气道通畅。若有呕吐，应扶好头部和身体，使之同时侧转，以防止呕吐物造成窒息。耳鼻有液体流出时，不要用棉花堵塞，只可轻轻拭去，以利降低颅内压力。颅脑外伤时，病情可能复杂多变，要禁止给予饮食并速送医院进行救治。

4．心肺复苏操作

所谓心肺复苏法就是支持生命的三项基本措施，即：通畅气道；口对口（鼻）人工呼吸；胸外按压（人工循环）。

1）通畅气道

若触电者呼吸停止，要紧的是始终确保气道通畅，其操作要领是：

（1）清除口中异物。使触电者仰面躺在平硬的地方，迅速解开其领口、围巾、紧身衣和裤带。如发现触电者口内有食物、假牙、血块等异物，可将其身体及头部同时侧转，迅速用一个手指或两个手指交叉从口角处插入，从中取出异物。要注意防止将异物推到咽喉深处。

（2）采用仰头抬颌法（见图1.13）通畅气道。一只手放在触电者前额，另一只手的手指将其颌骨向上抬起，气道即可通畅（如图1.14所示），气道阻塞如图1.15所示。

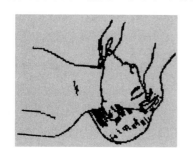　　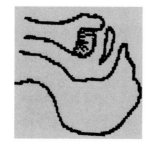　　

图1.13　仰头抬颌法　　　　　图1.14　气道畅通　　　　　图1.15　气道阻塞

为使触电者头部后仰，可于其颈部下方垫适量厚度的物品，但严禁垫在头下，因为头部抬高前倾会阻塞气道，还会在施行胸外按压时，流向脑部的血量减小，甚至完全消失。

2）口对口（鼻）人工呼吸

救护人在完成气道通畅的操作后，应立即对触电者施行口对口或口对鼻人工呼吸。口对鼻人工呼吸用于触电者嘴巴紧闭的情况。人工呼吸的操作要领如下：

（1）先大口吹气，救护人蹲跪在触电者一侧，用放在其额上的手指捏住其鼻翼，另一只手的食指和中指轻轻托住其下巴；救护人深吸气后，与触电者口对口紧合不漏气，先连续大口吹气两次，每次1～1.5秒，然后用手指测试其颈动脉是否有搏动，如仍无搏动，可判断心跳确已停止。在施行人工呼吸的同时，应进行胸外按压。

（2）正常口对口人工呼吸并大口吹气两次，测试搏动后，立即转入正常的口对口人工呼吸阶段。正常的吹气频率是每分钟约12次，吹气量不需过大，以免引起胃膨胀。对儿童则每分钟20次，吹气量宜小些，以免肺泡破裂。救护人换气时，应将触电者的口或鼻放松，让其借自己胸部的弹性自动吐气。吹气和放松时要注意触电者胸部有无起伏的呼吸动作。吹气时如有较大的阻力，可能是头部后仰不够，应及时纠正，使气道保持畅通。

（3）口对鼻人工呼吸，触电者如牙关紧闭，可改成口对鼻人工呼吸。吹气时要将其嘴唇紧闭，防止漏气。

3）胸外按压

胸外按压是借助人力使触电者恢复心脏跳动的急救方法。其有效性在于选择正确的按压位置和采取正确的按压姿势。操作要领如下：

（1）确定正确的按压位置：右手的食指和中指沿触电者的右侧肋弓下缘向上，找到肋骨和胸骨接合处的中点。右手的两手指并齐，中指放在切迹中点（剑突底部），食指平放在胸骨下部，另一只手的掌根紧挨食指上缘，置于胸骨上，掌根处即为正确按压位（图1.16）。

（2）正确的按压姿势：使触电者仰面躺在平硬的地方并解开其衣服。仰卧姿势与口对口人工呼吸法相同。

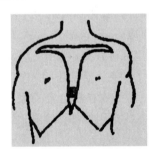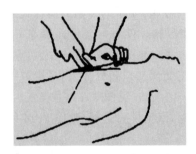

图1.16　正确的按压位置

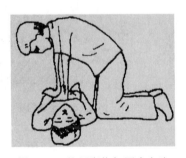

图1.17　按压姿势与用力方法

救护人立或跪在触电者一侧肩旁，两肩位于其胸骨正上方两臂伸直，肘关节固定不动，两手掌相叠，手指翘起，不接触其胸壁。以髋关节为支点，利用上身的重力，垂直将正常成人胸骨压陷3～5cm（儿童和瘦弱者酌减）。压至要求程度后，立即全部放松，但救护人的掌根不得离开触电者的胸膛。按压姿势与用力方法如图1.17所示。按压有效的标志是在按压过程中可以触到颈动脉搏动。

（3）恰当的按压频率：胸外按压要以均匀速度进行。操作频率以每分钟80～100次为宜，每次包括按压和放松一个循环，按压和放松的时间相等。当胸外按压与口对口(鼻)人工呼吸同时进行时,操作的节奏为:单人救护时,每按压15次后吹气2次(15:2),反复进行;双人救护时,每按压5次后,另一人吹气1次(5:1),反复进行。

任务3　电气火灾处理

学习目标

- 知道电气火灾原因
- 熟悉灭火器
- 能开展火灾预防巡回检查
- 能操作灭火器

任务要求

电工人员根据本小区可能会发生的火情选择合适的灭火器,并检查灭火器压力、铅封、出厂合格证、有效期、瓶体和喷管等。电工人员使用灭火器灭火,并保证现场无火灾隐患后打扫现场,然后放置灭火器到存放位置,并注明已使用,灭火器参数表见表1.4。

表1.4　本小区配置的灭火器参数表

灭火器型号:	充装量:	
移动方式:□手提式	□推车式	
动力来源:□储气瓶	□储压式	□化学反应式
灭火剂:　　　□泡沫灭火器　　□干粉灭火器　　□卤代烷灭火器 　　　　　　□二氧化碳灭火器　□酸碱灭火器　□清水灭火器		
出厂日期:	有效期:	
在该小区的存放位置:		

知识链接

1. 灭火器

灭火器由筒体、器头、喷嘴等部件组成,借助驱动压力可将所充装的灭火剂喷出,达到灭火的目的。灭火器由于结构简单、操作方便、轻便灵活、使用广泛,是扑救各类初期火灾的重要消防器材。

灭火器的种类很多,按其移动方式可分为:手提式和推车式;按驱动灭火剂的动力来源可分为:储气瓶式、储压式、化学反应式;按所充装的灭火剂划分有:泡沫灭火器、干粉灭火器、卤代烷灭火器、二氧化碳灭火器、酸碱灭火器、清水灭火器等。我国灭火器的型号编制是由类、组、特征代号和主参数四个部分组成。类、组、特征代号用汉语拼音字母表示具有代表性的字头。主参数是灭火剂的充装量。其型号编制方法见表1.5。

表 1.5 各种灭火器的型号编制方法

组	代号	特征	代号含义	主要参数	
				名称	单位
水 S(水)	MS / MSQ	酸碱,清水,Q(清)	手提式酸碱灭火器 / 手提式清水灭火器		L
泡沫 P(泡)	MP / MPZ / MPT	手提式 / 舟车式,Z(舟) / 推车式,T(推)	手提式泡沫灭火器 / 舟车式泡沫灭火器 / 推车式泡沫灭火器		L
干粉 F(粉)	MF / MFB / MFT	手提式 / 背负式,B(背) / 推车式,T(推)	手提式干粉灭火器 / 背负式干粉灭火器 / 推车式干粉灭火器	灭火剂充装量	Kg
二氧化碳 T(碳)	MT / MTZ / MTT	手提式 / 背负式,B(背) / 推车式,T(推)	手提式二氧化碳灭火器 / 鸭嘴式二氧化碳灭火器 / 推车式二氧化碳灭火器		Kg
1211 Y(1)	MY / MYT	手提式 / 推车式	手提式 / 推车式1211灭火器		Kg

（灭火器 M(灭)）

灭火器使用方法:使用前要将瓶体颠倒几次,使筒内干粉松动;然后除掉铅封;拔掉保险销;左手握着喷管;右手提着压把;在距火焰两米的地方,右手用力压下压把,左手拿着喷管左右摇摆,喷射干粉覆盖燃烧区,直至把火全部扑灭。

评价与总结

根据电工作业过程与结果评判电工的工作能力和工作素质,内容见表1.6。

表 1.6 评价表

内容	考核要求	配分	评分标准	得分
防护用品及安全标识检查情况表	填写是否完整 / 填写是否有误			
触电现场应急处理办法记录表	填写是否完整 / 徒手完成心肺复苏操作			
本小区配置的灭火器参数表	表格填写是否完整 / 填写内容是否有误 / 灭火器灭火操作			
职业素养	学习工作积极主动、准时守纪 / 团结协作精神好 / 踏实勤奋、严谨求实			

习题

（1）脱离低压电源可用"_____""_____""_____""_____""_____"五字来概括。

（2）心肺复苏法就是支持生命的三项基本措施，即：_____、_____、_____。

（3）灭火器的种类很多，按其移动方式可分为：_____和_____；按驱动灭火剂的动力来源可分为：_____、_____、_____。

（4）按所充装的灭火剂划分有：_____、_____、_____、_____、_____、_____。

（5）写出下列防护用具的名称。

名称	图例	名称	图例

项目 2

电工工具的使用

总体学习目标

- 了解焊接的种类及锡焊所需材料
- 了解电烙铁的内部结构和使用方法
- 能正确使用电烙铁进行元器件的焊接
- 能正确进行电子元器件的布线设计
- 能根据布线图进行万能板电路的焊接
- 能检查焊点的状态及排除故障
- 掌握电阻、电容和电感的电路图形符号及用途
- 能用万用表检测电阻和电容和好坏
- 掌握二极管、三极管电路图形符号及用途
- 能使用万用表正确检测二极管、三极管的好坏
- 能自检、互检,并判断产品是否合格
- 能按照生产现场管理标准,进行安全文明生产

项目描述

本项目通过锡焊工具的使用,使学生正确掌握锡焊要领,能在万能板上进行电子元器件的焊接及故障排查。通过掌握万用表的使用,能对电阻、电容、二极管、三极管进行检测,以便更好熟悉这些电子元器件的用途,并理解其工作过程。

任务 1 锡焊工艺实训

学习目标

- 能正确使用电烙铁
- 能正确对元器件进行整形
- 能正确按照五步法进行焊接
- 能检查焊点的质量
- 能正确进行电子元器件的布线设计

子任务 1　电烙铁的使用

要求：根据要求进行电烙铁的清洁，对元器件进行整形，并进行正确的焊接。对照表 2.1 进行电烙铁使用效果检测。

表 2.1　电烙铁使用技能检测

内容	考核要求	配分	评分标准	得分
电烙铁	1. 准确识别电烙铁的型号。 2. 正确处理新的烙铁头。 3. 正确清洁电烙铁。 4. 电烙铁的握法正确。 5. 电烙铁摆放规范。	5分	一处要求不符合，扣 0.5 分	
元器件的整形	1. 正确使用整形工具(镊子、尖嘴钳等)。 2. 整形过程规范。 3. 整形效果好。 4. 元器件位置摆放合理。	5分	一处要求不合格，扣 0.5 分	
焊接	1. 正确使用五步法焊接。 2. 焊锡布满焊盘、焊料适量。 3. 焊点的形状为圆锥形。 4. 焊点的颜色光亮不泛白。 5. 焊接过程操作规范。	10分	一处要求不合格，扣 0.5 分	
子任务 1 得分				

知识链接

焊接是电子产品组装过程中的重要工艺。焊接质量的好坏，直接影响电子电路及电子装置的工作性能。良好的焊接质量，可为电路提供良好的稳定性、可靠性，不良的焊接方法会导致元器件损坏，给测试带来很大困难，有时还会留下隐患，影响电子设备的可靠性。

1. 焊接的概念

焊接，就是用加热的方式使两件金属物体结合起来。如果在焊接的过程中需要熔入第三种物质，则称之为钎焊，所熔入的第三种物质称为焊料。按焊料熔点的高低不同又将钎焊分为硬钎焊和软钎焊，通常以 450℃ 为界，低于 450℃ 的称为软钎焊，高于 458℃ 称为硬钎焊。电子产品安装的所谓焊接就是软钎焊的一种，主要是用锡、铅等低熔点金属合金作焊料，因此俗称锡焊。

2. 锡焊的机理

从物理学的角度来看，任何焊接都是一个"扩散"的过程，是一个在高温下两个或两个以上物体表面分子相互渗透的过程。锡焊，就是让熔化的焊料渗透到两个被焊物体(比如元器件引脚与电路板焊盘)的金属表面分子中，然后冷凝而使之结合。

3．焊接要素

1）焊接母材的可焊性

所谓可焊性,是指液态焊料与母材之间应能互相熔解,即两种原子之间要有良好的亲和力。锡铅焊料,除了与含有大量铬和铝的合金金属材料不易互熔外,与其他金属材料大都可以互熔。为了提高可焊性,一般采用在元件表面镀锡、镀银等措施。

2）焊接部位清洁程度

焊料和母材表面必须"清洁",这里的"清洁"是指焊料与母材两者之间没有氧化层,更没有污染物。当焊料与被焊接金属之间存在氧化物或污垢时,就会阻碍熔化的金属原子自由扩散,就不会产生润湿作用。元件引脚或 PCB 焊盘氧化是产生"虚焊"的主要原因之一。

3）焊料(焊锡丝)

焊锡的最佳温度为 250℃±5℃,最低焊接温度为 240℃。温度太低易形成冷焊点。高于 260℃易使焊点质量变差。焊锡丝直径的选择依据为:直径为 0.8mm 或 1.0mm 的焊锡丝,用于电子或电类焊接;直径为 0.6mm 或 0.7mm 的焊锡丝,用于超小型电子元件焊接。

4）焊接时间

完成润湿和扩散两个过程需 2～3 秒,1 秒仅完成润湿和扩散两个过程的 35%。一般IC、三极管焊接时间小于 3 秒,其他元件焊接时间为 4～5 秒。

5）焊接方法

初学者一般采用五步法(见下文,此处略)。

4．电烙铁的分类及选择

电烙铁是焊接电子元器件及接线的主要工具,选择合适的电烙铁并合理使用,是保证焊接质量的基础。

1）电烙铁的分类

电烙铁按加热方式可分为内热式和外热式。

(1) 内热式电烙铁。内热式电烙铁是由烙铁头、加热元件(烙铁芯)、外壳、手柄、电源线等组成。由于烙铁芯安装在烙铁头里面,因而发热快,热利用率高。其结构如图 2.1(a)所示。内热式电烙铁的特点是体积小、重量轻、发热快、效率高、使用起来很方便,所以得到了普遍的应用。

(2) 外热式电烙铁。外热式电烙铁是由烙铁头、加热体(烙铁芯)、外壳、手柄、电源线等组成,由于烙铁芯安装在烙铁头外面,故称为外热式电烙铁。结构如图 2.1(b)所示。

外热式电烙铁的规格很多,常用的有 35W、45W、75W、100W 等,功率越大,烙铁头的温度也就越高。

2）电烙铁的选用

(1) 电烙铁的功率选用原则。焊接集成电路、晶体管及其他受热易损件的元器件时,考虑选用 20W 内热式电烙铁。焊接较粗导线及同轴电缆时,考虑选用 50W 内热式电烙铁。焊接较大元器件时,如金属底盘接地焊片,应选 100W 以上的电烙铁。

(2) 电烙铁使用注意事项。①电烙铁不宜长时间通电而不使用,这样容易使烙铁芯加速氧化而烧断,缩短其寿命,同时也会使烙铁头因长时间加热而氧化,甚至被"烧死"不再"吃

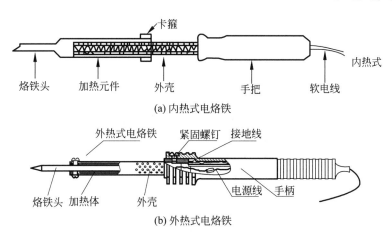

(a) 内热式电烙铁

(b) 外热式电烙铁

图 2.1　外热式电烙铁内部结构

锡";②手工焊接使用的电烙铁需带防静电接地线,焊接时接地线必须可靠接地,防静电恒温电烙铁插头的接地端必须可靠接交流电源保护接地。电烙铁绝缘电阻应大于 $10M\Omega$,电源线绝缘层不得有破损;③检测电烙线好坏时,将万用表调到电阻挡,表笔分别接触烙铁头部和电源插头接地端,接地电阻值稳定显示值应小于 3Ω,否则接地不良;④烙铁头不得有氧化、烧蚀、变形等缺陷。烙铁不使用时应上锡保护,长时间不用必须关闭电源防止空烧,下班后必须拔掉电源插头;⑤烙铁放入烙铁支架后应能保持稳定、无下垂趋势,护圈能罩住烙铁的全部发热部位。支架上的清洁海绵加适量清水,使海绵湿润不滴水为宜。

5. 电子元器件的插装

1）元器件引脚折弯及整形的基本要求

手工弯引脚可以借助镊子或尖嘴钳对引脚整形。所有元器件引脚均不得从根部弯曲,一般应留 1.5mm 以上,否则根部容易折断。二极管、电阻等的引出脚应平直,要尽量将有字符的元器件面置于容易观察的位置,如图 2.2 所示。

2）元器件插装的原则

外观上：要求整齐、稳固,无明显倾斜、变形现象,元器件外包装完好。

顺序上：手工插焊遵循先低后高,先小后大的原则。

位置上：元器件安放正确,注意有极性的元器件不能接反。

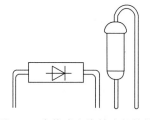

图 2.2　内热式电烙铁内部结构

3）元器件插装的方式

直立式：电容器、三极管等一般是竖直安装在印刷电路板上的。

俯卧式：电阻等元器件均是俯卧式安装在印刷电路板上的。

混合式：为了适应各种不同条件的要求或某些位置受面积所限,在一块万能板上,有的元器件采用直立式安装,有的元器件则采用俯卧式安装。

长脚的插焊方式：长脚插装（手工插装）时可以用食指和中指夹住元器件,再准确插入万能板。

短脚插装：短脚插装的元器件整形后,引脚很短,靠板插装,当元器件插装到位后,用镊子将穿过孔的引脚向内折弯,以免元器件掉出。

6. 手工焊接工艺要求

1) 手工焊接前的准备工作

(1) 保证焊接人员戴防静电手腕、绝缘手套、防静电工作服。

(2) 确认电烙铁接地,用万用表交流挡测试烙铁头和地线之间的电压,要求小于 5V,否则不能使用。检查烙铁发热是否正常,烙铁头是否氧化或有污垢,如有可在湿海绵上擦去脏物,烙铁头在焊接前应挂上一层光亮的焊锡。

(3) 检查烙铁头温度是否符合所要焊接的元件要求,每次开启烙铁和调整烙铁温度都必须进行温度测试,并做好记录。

2) 手工焊接的方法

(1) 电烙铁与焊锡丝的握法。手工焊接握电烙铁的方法有反握、正握及握笔式三种;焊锡丝有两种拿法,如图 2.3 所示。

(a) 电烙铁的3种握法　　　　　(b) 焊锡丝的2种拿法

图 2.3　电烙铁与焊锡丝的握法

(2) 手工焊接的步骤。掌握好电烙铁的温度和焊接时间,选择恰当的烙铁头与焊点的接触位置,才能得到良好的焊点。正确的手工焊接操作过程可以分成五个步骤,如图 2.4 所示。

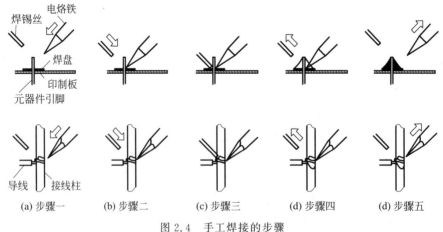

(a) 步骤一　　(b) 步骤二　　(c) 步骤三　　(d) 步骤四　　(d) 步骤五

图 2.4　手工焊接的步骤

步骤一:准备施焊

左手拿焊丝,右手握烙铁,进入备焊状态。要求烙铁头保持干净,无焊渣等氧化物,并在表面镀有一层焊锡。

步骤二：加热焊件

烙铁头靠在两焊件的连接处,加热整个焊件全体,时间大约为 1～2 秒钟。对于在印制板上焊接元器件来说,要注意使烙铁头同时接触两个被焊接物。

步骤三：送入焊丝

焊件的焊接面被加热到一定温度时,焊锡丝从烙铁对面接触焊件。注意：不要把焊锡丝送到烙铁头上。

步骤四：移开焊丝

当焊丝熔化一定量后,立即向左上 45°方向移开焊丝。

步骤五：移开烙铁

焊锡浸润焊盘和焊件的施焊部位以后,向右上 45°方向移开烙铁,结束焊接。从步骤三开始到步骤五结束,时间大约也是 1～2 秒。

作为初学者,难免出现一些焊接问题,手工焊接常见的不良现象及原因分析对照如表 2.2 所示。

表 2.2 手工焊接常见的不良现象及原因分析

焊点缺陷	外观特点	危 害	原因分析
 过热	焊点发白,表面较粗糙,无金属光泽	焊盘强度降低,容易剥落	烙铁功率过大,加热时间过长
 冷焊	表面呈豆腐渣状颗粒,可能有裂纹	强度低,导电性能不好	焊料未凝固前焊件抖动
 拉尖	焊点出现尖端	外观不佳,容易造成桥连短路	1. 助焊剂过少而加热时间过长 2. 烙铁撤离角度不当
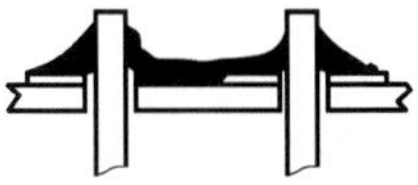 桥连	相邻导线连接	电气短路	1. 焊锡过多 2. 烙铁撤离角度不当
 铜箔翘起	铜箔从印制板上剥离	印制电路板已被损坏	焊接时间太长,温度过高

续表

焊点缺陷	外观特点	危　害	原因分析
 虚焊	焊锡与元器件引脚和铜箔之间有明显黑色界限,焊锡向界限凹陷	设备时好时坏,工作不稳定	1. 元器件引脚未清洁好、未镀好锡或锡氧化 2. 印制板未清洁好,喷涂的助焊剂质量不好
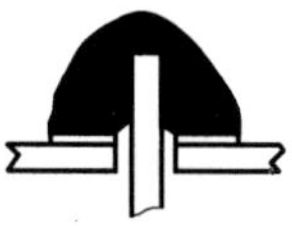 焊料过多	焊点表面向外凸出	浪费焊料,可能包藏缺陷	焊丝撤离过迟
 焊料过少	焊点面积小于焊盘的80%,焊料未形成平滑的过渡面	机械强度不足	1. 焊锡流动性差或焊锡撤离过早 2. 助焊剂不足 3. 焊接时间太短

习题

(1) 手工焊接的五步法有哪些步骤?

(2) 如何清理电烙铁表面的氧化物,并保持电烙铁不容易被氧化?

任务2　万能板的焊接

要求:对万能板进行布线设计,使用正确的焊接方法进行焊接,并对焊接情况进行检查,能正确处理不合格的焊点和引线。具体任务清单见表2.3。

表2.3　万能板焊接测评表

内容	考核要求	配分	评分标准	得分
布线	1. 根据自己想法设计布线图(焊点不少于30个)。 2. 布线图设计合理。	5分	一处要求不符合,扣0.5分	
银丝线的整形	1. 正确使用整形工具(镊子、尖嘴钳等)。 2. 整形过程规范。 3. 整形效果好。 4. 银丝线布局规范。	5分	一处要求不合格,扣0.5分	
电路板	1. 应无堆锡过多,渗到反面,产生短路现象。 2. 线路板不能出现焊盘脱落。 3. 银丝线的高度应一致。	5分	一处要求不合格,扣0.5分	

续表

内容	考核要求	配分	评分标准	得分
焊接	1. 正确使用五步法焊接。 2. 焊锡布满焊盘、焊料适量。 3. 焊点的形状为圆锥形。 4. 焊点的颜色光亮不泛白。 5. 焊接过程操作规范。	5分	一处要求不合格，扣0.5分	
任务 2 得分				

知识链接

万能板又称点阵板，是一种按照标准 IC 间距
(2.54mm)布满焊盘，可按自己的意愿插装元器件及连
线的万能板，俗称"万能板"，如图 2.5 所示。相比专业
的 PCB 制板，万能板具有以下优势：使用门槛低、成本
低廉、使用方便、扩展灵活。下面主要介绍点阵式万能
实验小板。

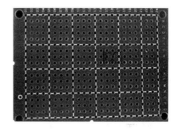

图 2.5 点阵式万能板

1. 焊接前的准备

细导线分为单股线和多股线，单股硬导线可将其弯折成固定形状，剥皮之后还可以当作
跳线使用；多股细导线质地柔软，焊接后显得较为杂乱。

2. 电烙铁和焊锡丝

建议使用功率为 30W 左右的尖头电烙铁。

3. 元器件布局及布线

初学者可以先规划好元器件的布局及布线，方便焊接时一气呵成。

4. 跳线

跳线，也称飞线，如图 2.6(a)所示，一般使用细导线进行跳线。跳线时应做到水平和竖
直走线，整洁清晰。现在也流行一种方法，叫锡接走线法，工艺不错，性能也稳定，但比较浪
费锡，如图 2.6(b)所示，纯粹的锡接走线难度较高。万能板的焊接方法是很灵活的，因人而
异，找到适合自己的方法即可。

5. 万能板焊接技巧

掌握焊接技巧，可以使电路反映到实物硬件的复杂程度大大降低，减少飞线的数量，让
电路更加稳定。下面介绍万能板的焊接技巧。

1) 初步确定电源和地线的布局

电源贯穿电路始终，合理的电源布局对简化电路起到十分关键的作用。某些万能板布
置有贯穿整块板子的铜箔，应将其用作电源线和地线；如果无此类铜箔，你也需要对电源

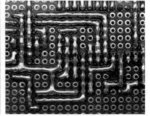

(a) 跳线法 　　　　　　 (b) 锡接法

图 2.6　万能板的飞线和锡接布线

线、地线的布局有个初步的规划。

2）善于利用元器件的引脚

万能板的焊接需要大量的跨接、跳线等，不要急于剪断元器件多余的引脚，有时候直接跨接到周围待连接的元器件引脚上会事半功倍。另外，本着节约材料的目的，可以把剪断的元器件引脚收集起来作为跳线用材料。

3）善于设置跳线

特别要强调这一点，多设置跳线不仅可以简化连线，而且要美观得多，如图 2.7 所示。

4）善于利用元器件自身的结构

这是一个利用了元器件自身结构的典型例子。图 2.8 中的轻触式按键有 4 只脚，其中两两相通，我们便可以利用这一特点来简化连线，电气相通的两只脚充当了跳线。

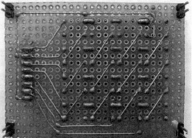

图 2.7　跳线的使用　　　　　图 2.8　利用元器件自身的结构进行布线

5）充分利用板上的空间

如图 2.9 所示，芯片座里面隐藏元件，既美观又能保护元件。

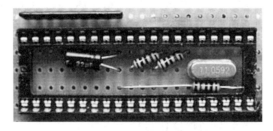

图 2.9　芯片座内隐藏元件

万能板给我们带来了方便，它已成为电子实验中不可缺少的一部分。多动手实践，你将会有更好的体会、找到更适合自己的使用方法和技巧。

6. 万能板的焊接

在熟悉了锡焊工艺和万能板焊接技巧后，就可以开始动手焊接万能板了，焊接过程采用五步法，当熟悉后，可把焊接的五步法简化为三步法，即：加热焊件、融化焊锡、焊锡与电烙铁同时向外(45°方向)撤离。

习题

（1）焊接万能板需要提前做好哪些工作？
（2）万能板的跳线一般在什么时候使用？

任务3　常用元器件的检测

学习目标

- 能正确识别电阻的类型并学会检测
- 能正确识别电容的类型并学会检测
- 能正确识别电感的类型并学会检测
- 能正确识别二极管的类型并学会检测
- 能正确识别三极管的类型并学会检测
- 能正确识别其他常用电子元器件并学会检测

子任务1　电阻的识别与检测

要求：正确识别各类电阻，正确读取、测量电阻的阻值，对照表 2.4 正确地填入各项信息。

表 2.4　电阻的识别与检测对照表

序号	电阻外形	电阻名称	图形符号	检测方法	阻值	配分	评分标准	得分
1						3	填错名称、符号、阻值扣 0.5 分，填错检测方法扣 1 分	
2						3	填错名称、符号、阻值扣 0.5 分，填错检测方法扣 1 分	
3	103					2	填错名称、符号、阻值扣 0.5 分，填错检测方法扣 1 分	
4	4R7					2	填错名称、符号、阻值扣 0.5 分，填错检测方法扣 1 分	

续表

序号	电阻外形	电阻名称	图形符号	检测方法	阻值	配分	评分标准	得分
5	 1002					2	填错名称、符号、阻值扣 0.5 分,填错检测方法扣 1 分	
6						2	填错名称、符号、阻值扣 0.5 分,填错检测方法扣 1 分	
7						3	填错名称、符号、阻值扣 0.5 分,填错检测方法扣 1 分	
8						3	填错名称、符号、阻值扣 0.5 分,填错检测方法扣 1 分	
子任务 1 得分								

知识链接

1. 电阻的基本知识

1) 定义

电阻,又称电阻器,是指电流在导体中流动时受到阻碍作用,电阻是消耗电能的元件。导体的电阻是导体本身的一种性质。

2) 单位

电阻常用字母 R 表示,电阻的单位是欧姆,简称欧,符号是 Ω。经常用的电阻单位还有千欧(kΩ)、兆欧(MΩ),它们与 Ω 的换算关系为 $1\text{k}\Omega = 10^3\,\Omega$,$1\text{M}\Omega = 10^6\,\Omega$。

3) 电阻的图形符号

固定电阻、可变电阻和滑动触点电阻的符号如图 2.10 所示。

4) 电阻的作用

电阻在电路中主要作用是限流、分压、滤波,或是作消耗电能的负载。

2. 电阻的分类

1) 普通电阻

普通电阻有四个色环(如图 2.11 所示),常用电子产品中都可以看到电阻,在玩具上普通电阻主要用于电机电路、声光控电路、LED 限流、喇叭限流等。

2) 精密电阻

精密电阻有五个色环,在电路中主要用于震荡电阻与一些电阻值要求高的地方。电阻的阻值和误差与色标法如图 2.12 所示。

图 2.10　电阻的电路图形符号　　　　　图 2.11　普通电阻

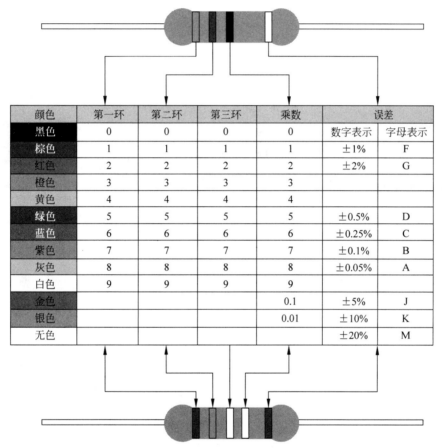

颜色	第一环	第二环	第三环	乘数	误差	
					数字表示	字母表示
黑色	0	0	0	0		
棕色	1	1	1	1	±1%	F
红色	2	2	2	2	±2%	G
橙色	3	3	3	3		
黄色	4	4	4	4		
绿色	5	5	5	5	±0.5%	D
蓝色	6	6	6	6	±0.25%	C
紫色	7	7	7	7	±0.1%	B
灰色	8	8	8	8	±0.05%	A
白色	9	9	9	9		
金色				0.1	±5%	J
银色				0.01	±10%	K
无色					±20%	M

注：一般最后一位为误差，金±5% 银±10%

图 2.12　精密电阻

色环电阻读取方法示例(图 2.13 和图 2.14)：

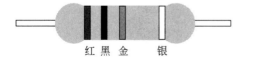

红 黑 金　银

图 2.13　四色环电阻(2Ω)

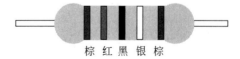

棕 红 黑 银 棕

图 2.14　五色环电阻(1.2Ω)

普通电阻用四条色带表示标称阻值和误差,如色带依次是红、黑、金、银,则其阻值为

2Ω,误差为 10%(图 2.13)。

精密电阻用五条色带表示标称阻值和误差,如色带依次是棕、红、黑、银、棕,则其阻值为 1.2Ω、误差为 1%(图 2.14)。

3)普通贴片电阻

随着集成电路的发展,贴片电阻以体积小、重量轻等优点被广泛应用于各种电路中。普通贴片电阻有以下两种标注(图 2.15)。

电阻值读取过程为:

10 为前两位有效数字,3 为倍率,也就是 $103=10\times10^{3}=10000\Omega=10\text{k}\Omega$。例如:$102=10\times10^{2}=1000\Omega$;$100=10\times10^{0}=10\Omega$。

4)精密贴片电阻

精密贴片电阻由四位数字标注而成(图 2.16)。

图 2.15　普通贴片电阻标注

图 2.16　精密贴片电阻标注

电阻读取方法:

100 为前三位有效数字,2 为倍率,也就是 $100\times10^{2}=10000\Omega=10\text{k}\Omega$。例如 $1001=100\times10^{1}=1000\Omega=1\text{k}\Omega$,$1220=122\times10^{0}=122\Omega$。

5)光敏电阻

光敏电阻(CDS)主要用于光控电路。它的电阻特性是随着光照强度的强弱电阻值发生变化,光线越强电阻值越小,光线越弱电阻值越大。外形如图 2.17 所示。

6)压敏电阻

压敏电阻是一种具有非线性伏安特性的电阻器件,主要用于电路承受过压时进行电压钳位(电压值固定不变叫钳位),吸收多余的电流以保护敏感器件,它是一种限压型保护器件。压敏电阻器的电阻体材料是半导体,所以它是半导体电阻。压敏电阻的外形如图 2.18 所示。

图 2.17　光敏电阻

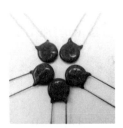

图 2.18　压敏电阻

7）可变电阻

可变电阻又称可调电阻，一般用在需要调整输入输出电压、信号大小等地方，比如调整音响输出音量大小，可调稳压电源调整输出电压等。理论上，可调电阻的阻值可以调整从 0 到标称值以内的任意值上，但因为实际结构与设计精度要求等原因，往往不容易 100% 达到"任意"要求。可调电阻的外形如图 2.19 所示。

图 2.19　可调电阻

3. 使用万用表检测电阻

一般数字万用表的电阻挡分为 200、2k、20k、2M、20M、200M 六挡。

1）万用表测电阻

（1）测量步骤。首先红表笔插入 VΩ 孔，黑表笔插入 COM 孔。量程旋钮旋至 Ω 量程挡适当位置，分别用红黑表笔接到电阻两端金属部分，读出显示屏上显示的数据。

（2）量程的选择和转换。当显示屏上显示"1"，说明量程选小了，应换用较大的量程；反之，显示屏上会显示一个接近于 0 的数，说明量程选大了，应换较小的量程。

2）各类电阻的检测方法

（1）普通电阻器的检测。用万用表的欧姆挡测量电阻器的阻值，将测量值和标称值进行比较，从而判断电阻器是否能够正常工作。

电阻器的常见故障有：短路（测量值为 0）、断路（测量值为 ∞）及老化（测量值与标称值有较大误差）三种。

（2）可变电阻的检测。把万用表调到合适的电阻挡上，将表笔接在可变电阻两引脚上，旋动电阻旋钮电阻值会发生变化。如阻值未发生变化，说明表笔没有接到可调端，则需换一个引脚，如果都不能通过调节旋钮改变阻值大小，则可变电阻已损坏。

（3）光敏电阻的检测方法。把万用表调到合适的电阻挡上，将表笔接在光敏电阻两端，在光线变化时电阻值会发生变化，如无变化，光敏电阻已损坏。

（4）热敏电阻的检测。常温测试法：室温环境下，用万用表的如 R×1k 挡，分别把红黑表笔接到热敏电阻两端，如果所测的值接近标称值（相差 ±2Ω 内为正常），则说明电阻完好，否则说明电阻已经老化或损坏。

加温测试法：在常温测量正常的情况下，可进行第二步加温测试。将热源（电烙铁、电吹风等）接近热敏电阻时，万用表测得的阻值会随着温度升高而增大（或减小），说明性能良好，否则说明性能不良。

注：当温度升高，热敏电阻阻值升高，说明该电阻为正温度系数电阻，反之则为负温度系数电阻。

（5）压敏电阻的检测。压敏电阻的测试方法较为复杂，主要有以下方法：

① 可以用一个合适的电压源串联一个保护电阻给压敏电阻施加电压，测量压敏电阻的

电压值,看是否在标称值上,如果是,可以认为元件是好的。如果与标称值偏差很大,那么这个压敏电阻就有问题。

②用万用表10k挡,把表笔接在电阻的两端,万用表上会显示压敏电阻的阻值,可以从显示的数值推断压敏电阻是否损坏。不过,万用表测试的准确性不大。

③还有一种方法就是用一种仪器,"压敏直流参数仪"来测试,这种仪器测试比较准确,这种仪器是专门针对压敏电阻测试的。

注:正常的压敏电阻用万用表测量时,阻值是无穷大。

习题

(1) 电阻的作用有哪些?

(2) 如何用万用表检测各类电阻的好坏?

子任务2　电容的识别与检测

要求:正确识别各类电容,正确读取电容的容量,用万用表检测电容的好坏,并对照表2.5正确填入各项信息。

表 2.5　电容识别与检测任务表

序号	电容外形	电容名称	图形符号	检测方法	电容值	配分	评分标准	得分
1						5	填错名称、符号、容量扣分别1分,填错检测方法扣1分	
2						5	填错名称、符号、容量扣分别1分,填错检测方法扣1分	
3						5	填错名称、符号、容量扣分别1分,填错检测方法扣1分	
子任务2得分								

知识链接

电容器是由两个彼此绝缘、相互靠近的导体与中间一层不导电的绝缘介质构成的,两个导体成为电容器的两极,分别用导线引出,是一种储能元件。电容也是最常用、最基本的电子元件之一。电容常用字母c表示。

1. 电容的单位

电容的单位是法拉,简称法,单位符号为 F。F 是较大的单位,较小的单位有

$\mu F(10^{-6}F)$、$pF(10^{-12}F)$。我们一般不用 F 这个单位,因为它太大了。

2．电容的符号

电容的电路符号如图 2.20 所示。

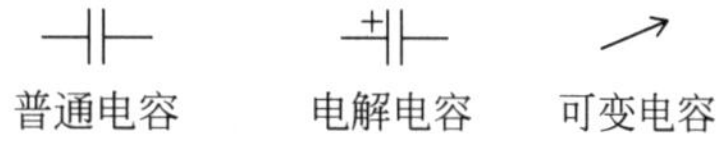

3．电容的用途

| 普通电容 | 电解电容 | 可变电容 |

图 2.20　电容的电路符号

1)旁路

旁路电容是将输入信号中的高频成分滤除掉,以确保后续电路无高频信号。

2)去耦

去耦,又称解耦。去耦电容并接在放大电路的电源正负极之间,防止电源内阻形成正反馈而引起自激振荡。

3)滤波

由于电容储能,所以两端的电压不会突变。滤波电容一般接在直流电压的正负极之间,以滤除直流电源中不需要的交流成分,使直流电平滑。

4)储能

储能型电容器通过整流器收集电荷,并将存储的能量通过变换器引线传送至电源的输出端。电压额定值为 $40\sim450$VDC、电容值在 $220\sim150\ 000\mu F$ 的铝电解电容器是较为常用的储能电容。

5)耦合。耦合电容在电路中起隔离直流通交流的作用。

4．电容的分类

电容器按结构可分为固定电容器、可变电容器两大类。按照电容器的介质材料,又可分为固体有机介质电容器、固体无机介质电容器、电解电容器和气体电容器等。按照电容器有无极性又可分为极性电容器和无极性电容器。按用途可分为旁路、滤波、耦合、调谐电容器等。

1)瓷介电容

瓷介电容用陶瓷做介质,在陶瓷基体两面喷涂银层,然后烧成银质薄膜做极板制成。瓷介电容属无机介质电容器,具有结构简单、体积小、稳定性高和高压性能好的特点。

2)电解电容

电解电容在使用时应注意极性,一般引脚长的一端为正极。电解电容损耗大,温度、频率特性差,绝缘性能差,长期存放可能干涸、老化等。

3)可变电容器

可变电容是一种容量可连续变化的电容器。可变电容器由两组形状相同的金属片间隔一定距离,并夹以绝缘介质而成。其中一组金属片是固定不动的,称为定片;另一组金属片和转动轴相连,能在一定角度内转动(称为动片)。旋转动片改变两组金属片之间的相对面积,使电容量可调。

5．电容容量的读取

1）电解电容

多数在 $1\mu F$ 以上，电解电容通常都会把电容量与耐压值直接印在电容表面皮上，直接读数如：$100\mu F/16V$，$47\mu F/16V$。

2）瓷介电容

多数在 $1\mu F$ 以下。通常由三位数构成，左起第一、二位数字为有效数字位，第三位数字为倍率，单位为 pF。如 $103=10\times10^3\,\mathrm{pF}=0.01\mu F$，$104=10\times10^4=0.1\mu F$。

6．使用万用表对电容进行测量的步骤

（1）测量前，先检查红、黑表笔连接的位置是否正确。
（2）电容两端短接，对电容进行放电，确保万用表安全。
（3）将功能旋钮开关打至电容档"F"，并选择合适的里程。
（4）将电容器插入电容测试座中。
（5）读出显示屏上的数字即为电容值。

7．测量电容时注意事项

（1）测试前应对电容充分放电。
（2）测试电解电容时，如用指针型万用表，则红表笔接其正极（长脚为正）。
（3）对被测电容容量没有概念时，先选最高挡试测，再选合适挡位。
（4）测试时如显示"1"，表明已超量程，应换到高量程挡位。
（5）用大电容挡测试，显示一些不稳定数值时，表明电容严重漏电或已击穿。

子任务 3　电感的识别和检测

要求：对照表 2.6 正确填写电感的电路符号、用途，并正确检测电感的好坏。

表 2.6　电感识别对照表

序号	电感名称	电路符号	用途	检测方法是否正确	配分	评分标准	得分
1	固定电感				2	填错符号、用途扣 0.5 分，检测方法错误扣 1 分	
2	磁芯电感				2	填错符号、用途扣 0.5 分，检测方法错误扣 1 分	
3	铁芯电感				2	填错符号、用途扣 0.5 分，检测方法错误扣 1 分	
4	可调电感				2	填错符号、用途扣 0.5 分，检测方法错误扣 1 分	
子任务 3 得分							

知识链接

电感器,又称电感线圈或线圈,采用漆包或纱包线一圈一圈地绕在绝缘管、磁芯或铁芯上的一种元件,用字母 L 表示。它是由导线一圈靠一圈地绕在导磁体上,导线彼此绝缘,而导磁体可以是空心的,也可以包含铁芯或磁芯。

1.电感的单位

电感的单位是亨利,用符号 H 表示。常用的单位有 H、mH(10^{-3} H)、uH(10^{-6} H)。

2.电感的电路符号

电感的电路符号如图 2.21 所示。

普通电感　　　　磁芯电感　　　　可调电感

图 2.21　电感的电路符号

3.电感的用途

1) 电感器是利用电磁感应制成的,它是一种储能元件,能将电能转换成磁能并储存起来,具有阻碍交流电通过的特性。

2) 作用

通直流、阻交流;通低频、阻高频。

3) 用途

电感器在电路中的基本用途有:LC 滤波器、LC 振荡器、扼流圈、变压器、继电器、交流负载、调谐、补偿、偏转等。常用于滤波、陷波、调谐、振荡、延迟、补偿等电路中。

(1) 滤波。作为滤波线圈,阻止交流干扰。

(2) 作为谐振线圈,与电容组成谐振电路。

(3) 交流负载。在高频电路中作为高频信号的负载。

(4) 变压器。制成变压器传递交流信号。

4.电感的分类

一般分为两类:一类是应用自感作用的电感线圈,另一类是应用互感作用的变压器。

(1) 按外形可分为:空心线圈与实心线圈。

(2) 按绕线结构可分为:单层线圈和多层线圈。

(3) 按工作性质可分为:高频电感器(各种天线线圈、振荡线圈)和低频电感器(各种扼流圈、滤波线圈等)。

5.电感的标注方法

1) 直标法

在采用直标法时,直接将电感量标在电感器外壳上,并同时标允许偏差。

2）文字符号法

用文字符号表示电感的标称容量及允许偏差,当其单位为 μH 时用 R 作为电感的文字符号,其他与电阻器的标相同。如 4R7M 表示 $4.7\mu H$,偏差±20%(M 代表偏差为±20%),R33J 表示电感量为 $0.33\mu H$,偏差±5%(J 代表偏差为±5%)。

3）数码法

电感的数码标示法与电阻器一样,前面的两位数为有效数,第三位为倍乘,单位为 μH。

4）色标法

电感器的色标法多采用色环标志法,色环电感识别方法与电阻相同。通常为四色环,色环电感中前面两条色环代表有效值,第三条色环代表倍乘,第四色环为偏差。

6. 电感器的检测

电感器的检测主要是检测电感线圈的通断情况,可利用万用表的 200Ω 电阻挡测量电感线圈两引脚之间的阻值,正常情况应有一个较小的阻值。如果表针不动或数字万用表显示"1",说明该电感器内部断路;如果表读数不稳定,说明内部接触不良。

子任务 4   二极管的识别与检测

要求:理解二极管的结构,对照表 2.7,准确填写二极管的符号及检测方法。

表 2.7   二极管识别对照表

序号	二极管名称	电路符号	用途	检测方法是否正确	配分	评分标准	得分
1	普通二极管				2	填错名称、符号、容量扣 0.5 分,填错检测方法扣 1 分	
2	稳压二极管				2	填错名称、符号、容量扣 0.5 分,填错检测方法扣 1 分	
3	发光二极管				2	填错名称、符号、容量扣 0.5 分,填错检测方法扣 1 分	
4	光电二极管				2	填错名称、符号、容量扣 0.5 分,填错检测方法扣 1 分	
子任务 4 得分							

知识链接

1. 二极管的形成

半导体二极管简称二极管,是由管芯、管壳和两个电极构成。管芯就是一个 PN 结,在 PN 结的两端各引出一个引线,并用塑料、玻璃或金属材料作为封装外壳,就构成了晶体二极管,如图 2.22(a)所示。P 区引出的电极称为正极或阳极,N 区引出的电极称为负极或阴极。二极管的图形符号如图 2.22(b)所示,箭头指向为正向导通电流方向。

(a) 二极管的内部结构　　　　　　　(b) 二极管的图形符号

图 2.22　二极管的内部结构和图形符号

2．二极管的单向导电性

当二极管阳极接高电位,阴极接低电位时,称为二极管正偏;反之,当二极管阳极接低电位,阴极接高电位时,称为二极管反偏。

当给二极管加上正向电压时,二极管正偏导通;当给二极管加上反向电压时,二极管反偏截止。这就是二极管的单向导电性。

3．特殊二极管

1) 稳压二极管

稳压二极管又名齐纳二极管,图形符号及伏安特性如图 2.23 所示,工作在反向击穿状态。稳压二极管是利用 PN 结反向击穿时电压基本上不随电流变化而变化的特点来达到稳压的目的,因为它能在电路中起稳压作用,故称为稳压二极管(简称稳压管)。稳压二极管是根据击穿电压来分类的,其稳压值就是击穿电压值。稳压二极管主要作为稳压器或电压基准元件使用,稳压二极管可以串联起来得到较高的稳压值。

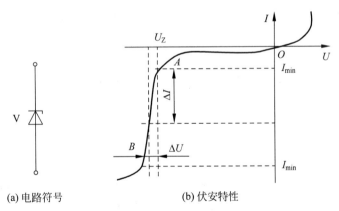

(a) 电路符号　　　　　　　(b) 伏安特性

图 2.23　稳压二极管的图形符号及伏安特性

2) 发光二极管

发光二极管的英文简称是 LED,工作在正向偏置状态。它是采用磷化镓、磷砷化镓等半导体材料制成。发光二极管除了具有普通二极管的单向导电特性之外,还可以将电能转换为光能。给发光二极管外加正向电压时,它处于导通状态,当正向电流流过管芯时,发光二极管就会发光,将电能转换成光能。电路符号如图 2.24 所示。除了普通的发光二极管,还有红外发光二极管,主要用来发射信号,遥控器上使用的就是红外发光二极管。

3）光电二极管

光电二极管是将光信号转换成电信号的半导体器件，工作在反向偏置状态。它主要用于需光电转换的自动探测、计数、控制装置中。光电二极管的管壳上有一个玻璃窗口，以便接受光照。它工作在反偏状态，没有光照时，反偏电流几乎为零，相当于二极管断开；有光照时，其反向电流随光照强度的变化而变化，即将光信号转换为电信号，电路符号如图 2.25 所示。

　　　　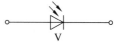

图 2.24　发光二极管电路符号　　　　图 2.25　光电二极管电路符号

4．二极管的用途

二极管的主要用途包括：

（1）整流。所谓整流，就是将交流电变为单方向脉动的直流电。整流电路是二极管的主要应用领域之一。采用普通二极管，也称整流二极管。

（2）检波。就原理而言，从输入信号中取出调制信号是检波，以整流电流的大小（100mA）作为界限，通常把输出电流小于 100mA 的叫检波。

（3）钳位。利用二极管正向导通时压降很小的特性可组成钳位电路。

（4）限幅。利用二极管正向导通后其两端电压很小且基本不变的特性，可以构成各种限幅电路，使输出电压幅度限制在某一电压值内。

（5）稳压。由于其反向击穿后电压会固定在一个值，一般作为稳压器和稳压基础元件使用。采用稳压二极管。

（6）光源。发光二极管可以作为光源使用，如 LED 灯、遥控器的红外发光灯。

（7）元件保护。在电子线路中，常用二极管来保护其他元器件免受过高电压的损害。

5．二极管的检测

1）极性识别

利用二极管的单向导电特性识别其极性。简单来说，如果二极管没有损坏，不管是普通二极管还是特殊二极管，如用数字万用表测得其电阻为几百欧至几十千欧，则红表笔接的是其正极；若电阻在 $500\text{k}\Omega$ 以上，则红表笔接的是其负极。

目测极性法识别其极性。普通二极管的外表有白色"—"标识的为负极；发光二极管通常长引脚为正极，管壳内部电极较宽较大的一个为负极（指针万用表检测时表笔的颜色对应的极性则正好相反）。

2）二极管好坏的检测

用数字式万用表电阻挡测二极管时，选用二极管蜂鸣器挡，红表笔接二极管的正极，黑表笔接二极管的负极，此时测得的阻值才是二极管的正向导通阻值，这与指针式万用表的表笔接法刚好相反。

若用数字万用表的二极管挡检测二极管则更加方便：将数字万用表置在二极管挡，然后将二极管的正极与红表笔相接,负极与黑表笔相接,此时显示屏上即可显示二极管正向压降值。不同材料的二极管,其正向压降值不同:硅二极管为 0.55~0.7V,锗二极管为 0.15~0.3V。若显示屏显示 0000,说明管子已短路;若显示 0L 则说明二极管内部处于开路状态,此时可对调表笔再测。

此外,如果要检测稳压二极管的稳压值,可先使稳压管处于反向击穿状态,再用万用表电压挡测其稳压值。

习题

(1) 二极管具有特性＿＿＿＿＿＿＿＿＿＿。

(2) 二极管的主要用途有＿＿＿＿、＿＿＿＿、＿＿＿＿、＿＿＿＿和＿＿＿。

(3) 稳压二极管工作在什么状态,光电二极管工作在什么状态?

子任务5 三极管的识别和检测

要求:正确识别三极管的引脚及管型,根据表 2.8 填写相关内容。

表 2.8 三极管的识别与检测

序号	项目	电路符号	用途	判断方法是否正确	配分	评分标准	得分
1	NPN 型三极管			——	2	填错符号扣 1 分,填错用途扣 1 分	
2	PNP 型三极管			——	2	填错符号扣 1 分,填错用途扣 1 分	
3	三个引脚的判断	——	——		4	判断错一个引脚扣 1 分,操作不规范扣 0.5 分	
4	管型的判断	——	——		4	判断错一个管型扣 1 分,操作不规范扣 0.5 分	
5	电流放大倍数检测	——	——		4	操作错误扣 3 分,操作不规范扣 0.5 分	
6	三极管好坏的判断	——	——		4	操作错误扣 3 分,操作不规范扣 0.5 分	
子任务 5 得分							

注:符号"——"代表无需填写。

知识链接

晶体三极管又称双极性晶体管、半导体三极管,后面简称三极管,它是电子电路中主要的有源元件。三极管的用途很广泛,可用作放大、震荡、调制和快关电路等。

1. 认识三极管

1) 三极管的外形

几种常用的三极管的外形如图 2.26 所示。

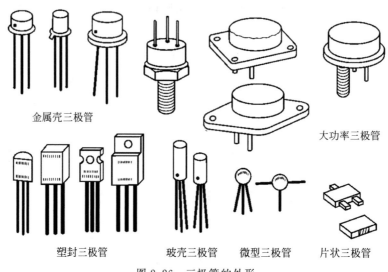

金属壳三极管

大功率三极管

塑封三极管　　　　玻壳三极管　　　微型三极管　　　片状三极管

图 2.26　三极管的外形

2) 三极管的结构、符号和分类

三极管又称半导体三极管、双极性晶体管(空穴和自由电子同时参与导电),实际上是在一块半导体基片上制作两个距离很近的 PN 结,这两个 PN 结把整块半导体分成三部分,中间部分为基极 b,两侧部分为集电极 c 和发射极 e,排列方式有 NPN 和 PNP 两种。其中发射区掺杂浓度较大,基区很薄且掺杂最少,集电区比发射区体积大且掺杂少,因此集电区和发射区不能互换使用。其内部结构示意图和符号如图 2.27 所示。

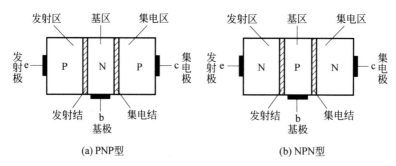

(a) PNP 型　　　　　　　　　　　　(b) NPN 型

图 2.27　三极管的内部结构和电路符号

(1) 三极管的结构特点。由三极管的内部结构可以看出,三极管有三个区、三个电极、两个 PN 结和两种类型,它们分别是:

- 三个区:发射区、基区、集电区;
- 三个电极:发射极 e、基极 b 和集电极 c;
- 两个 PN 结:发射结、集电结;

- 两种类型：NPN 型管和 PNP 型管。

（2）三极管的分类。

- 按内部结构不同，可分为 NPN 型三极管和 PNP 型三极管两种。
- 按功率不同，可分为小功率三极管、中功率三极管和大功率三极管。
- 按工作频率不同，可分为低频三极管和高频三极管。
- 按封装材料不同，可分为金属封装型和塑料封装型等。
- 按用途不同，可分为开关管和放大管。

（3）三极管的检测。对中小功率塑料三极管，平面朝向自己，三个引脚朝下放置，一般从左到右依次为 e、b、c。

对于金属封装的小功率管，金属帽底端有一个小突起，距离这个突起最近的是发射极 e，然后顺时针依次是基极 b、集电极 c；没有突起的，顺时针管脚仍然依次为发射极 e、基极 b、集电极 c。

数字万用表置于二极管量程，红笔接一极，黑笔分别接另外两极，若两次均通，则红笔接的为基极，数值大的为发射极，数值小的为集电极。该管为 NPN 管。

数字万用表置于二极管量程，黑笔接一极，红笔分别接另外两极，若两次均通，则黑笔接的为基极，数值大的为发射极，数值小的为集电极。该管为 PNP 管。

目前大部分数字万用表具有测量三极管 hFE 的刻度线及其测试插座，在测量三极管 hFE 的同时可以很方便地判别三极管的管脚和管型。

将万用表调零后，量程开关拨到 hFE 位置，两表笔分开，把被测三极管插入测试插座，可从 hFE 刻度线上读出管子的放大倍数，同时根据测试插座的显示可直接辨别出管脚和管型。

根据三极管的结构，我们可以把三极管想象成两个二极管同极相连而成，如图 2.28 所示。用万用表测量极间电阻的大小，可以判断管子的好坏。

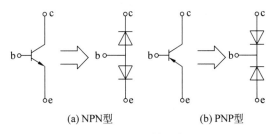

(a) NPN型　　　　(b) PNP型

图 2.28　三极管示意图

万用表测三极管 b 与 c、b 与 e 的正向电阻小，反向电阻大，说明管子是好的；若正向电阻趋于无穷大，说明管子内部断路；若反向电阻很小，说明管子击穿。

2．三极管的型号

一般地，国产三极管的以数字 3A～3D 开头（3 代表三个电极），美国产的三极管以 2N 标注（2 代表 2 个 PN 结），日本产的以 2S 开头（2 代表 2 个 PN 结），韩国产的由四位数字组成。具体参数可查阅三极管手册详细了解。常用型号的三极管引脚和管型如表 2.9 所示。

表 2.9　常用型号的三极管引脚和管型

型号	①脚	②脚	③脚	管型
9012	e	b	c	PNP
9013	e	b	c	NPN
9014	e	b	c	PNP
9015	e	b	c	PNP
9018	e	b	c	NPN
8050	e	b	c	NPN
8550	e	b	c	PNP
2SD325	b	c	e	NPN
2SA511	b	c	e	PNP

习题

(1) 三极管的三个电极分别是_____极、_____极、_____极,两个 PN 结是_____结和_____结。

(2) NPN 型三极管的电路符号是_____,PNP 型三极管的电路符号是_____。

(3) 查阅资料(图 2.29),填写表 2.10 中三极管的型号、引脚及管型。

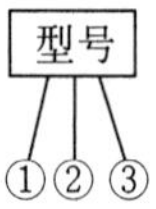

图 2.29　三极管示意图

表 2.10　三极管引脚及型号

型号	①脚	②脚	③脚	管型

直流电路的测量

总体学习目标

- 能掌握全电路欧姆定律
- 能正确区分电路的三种工作状态
- 能掌握电阻的串联、并联和混联
- 能掌握基尔霍夫定律
- 能利用叠加定理、支路电流法等方法分析计算复杂直流电路
- 能正确使用锡焊工具
- 能正确使用仪器仪表调试电路
- 能自检、互检,判断产品是否合格
- 能按照生产现场管理标准,进行安全文明生产

任务 1 串、并联电路测量

学习目标

- 能按照任务要求完成相关元器件的检测
- 能按照锡焊工艺完成电阻串、并联的安装
- 能理解、测量、计算电阻串、并联电路中电压、电流关系

子任务 1 元器件清单的制定

要求:我们以灯泡为例(便于现象观察),根据电阻串、并联电路原理图(图 3.1),在印制电路板焊接和产品安装前,应正确无误地填写完成元件清单表 3.1。

表 3.1 电阻串、并联元器件清单

序号	元件名称	规格或型号	编号或作用	数量	配分	评分标准	得分
1	灯座				5	填错规格扣 2 分,填错编号扣 2 分,填错数量扣 1 分	
2	灯泡				5	填错规格扣 2 分,填错编号扣 2 分,填错数量扣 1 分	

续表

序号	元件名称	规格或型号	编号或作用	数量	配分	评分标准	得分
3	开关				5	填错规格扣2分,填错编号扣2分,填错数量扣1分	
4	印制电路板				5	填错规格扣2分,填错编号扣2分,填错数量扣1分	
5	电池片				5	规格记录错误,该项不得分	
6	塑壳				5	规格记录错误,该项不得分	
子任务1得分							

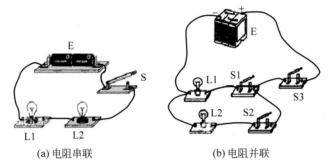

(a) 电阻串联　　　　　　　(b) 电阻并联

图3.1　电阻串、并联

子任务2　元器件的检测

要求:根据元件清单表,按照电子元器件检验标准,正确检测元器件,把检测结果填入表3.2中。

表3.2　元器件检测明细表

元器件		识别及检测内容			配分	评分标准	得分
灯泡		额定功率值	额定电压值	电阻值	每支3分共计6分	错1项,扣1分	
	灯泡1						
	灯泡2						
拨动开关		左挡位	右挡位	质量判断	共计4分	测试错误该项不得分	
子任务2得分							

子任务3　电阻串、并联的装配

要求:根据给出的装配图,将检测好的元器件准确地焊接在提供的印制电路板上。在印制电路板上所焊接的元器件的焊点大小适中、光滑、圆润、干净、无毛刺,无漏、假、虚、连焊,引脚加工尺寸及成形符合工艺要求;导线长度、剥线头长度符合工艺要求,芯线完好,捻线头镀锡。装配完成后,对照表3.3进行简易助听器成品的外观检查。

表3.3 外观检测表

内容	考核要求	配分	评分标准	得分
元器件	元器件应无裂纹、变形、脱漆、损坏。元器件上标识能清晰辨认。	3分	一个元器件不符合扣0.5分	
电路板	应无堆锡过多,渗到反面,产生短路现象。线路板不能出现焊盘脱落。同一类元件,在印制电路板上高度应一致。	2分	一处不合格扣0.5分	
焊接	不能出现剪坏的焊点。不能出现错焊、虚焊、脱焊、漏焊、焊锡搭接、焊接点拉尖。元器件应按照装配图正确安装在焊盘上。接线牢固、规范。	5分	一处不合格扣0.5分	
子任务3得分				

子任务4 电阻串、并联电压值、电流值测量

电阻串联电路的测量,该项计25分,测量正确1个指标计3分,结论写对一处计2分。计算灯泡电阻值,调万用表DCV2.5V挡位,测量灯泡两端电压,调万用表DCA200mA挡位,测流经灯泡电流。将数据记录在表3.4中。

表3.4 电阻串联电路测量

	阻值	电压	电流
灯泡1			
灯泡2			
电源		——	——

结论1:串联电路电压关系

结论2:串联电路电流关系

电阻并联电路的测量,该项计25分,测量正确1个指标计3分,结论写对一处计2分。计算灯泡电阻值,调万用表DCV2.5V挡位,测量灯泡两端电压,调万用表DCA200mA挡位,测流经灯泡电流。将数据记录在表3.5中。

表3.5 电阻并联电路测量

	阻值	电压	电流
灯泡1			
灯泡2			
电源		——	——

　　结论 1：并联电路电压关系

　　结论 2：并联电路电流关系

任务 2　基尔霍夫电路制作与测量

学习目标

- 能验证基尔霍夫电流定律
- 能验证基尔霍夫电压定律
- 熟练使用各仪器和仪表

子任务 1　元器件清单的制定

　　要求：根据基尔霍夫定律原理图（图 3.2），在印制电路板焊接和产品安装前，应正确无误地填写完成元件清单表 3.6。

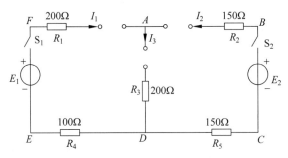

图 3.2　验证基尔霍夫定律电路图 I1

表 3.6　基尔霍夫定律元器件清单

序号	元件名称	规格或型号	编号或作用	数量	配分	评分标准	得分
1	电阻器 1				5	填错规格扣 2 分，填错编号扣 2 分，填错数量扣 1 分	
2	电阻器 2				5	填错规格扣 2 分，填错编号扣 2 分，填错数量扣 1 分	
3	电阻器 3				5	填错规格扣 2 分，填错编号扣 2 分，填错数量扣 1 分	
4	印制电路板				3	规格记录错误，该项不得分	
5	电源 1				3	规格记录错误，该项不得分	
6	电源 2				3	规格记录错误，该项不得分	
7	开关				2	规格记录错误，该项不得分	
子任务 1 得分							

子任务2 元器件的检测

要求：根据元件清单表，按照电子元器件检验标准，正确检测元器件，把检测结果填入表3.7中。

表3.7 元器件检测明细表

元器件		识别及检测内容			配分	评分标准	得分
电阻器		额定功率值	额定电压值	电阻值	每支3分 共计6分	错1项，扣一分	
	电阻器1						
	电阻器2						
	电阻器3						
电源		额定功率值	额定电压值		共计4分	错1项，扣一分	
	电源1						
	电源2						
拨动开关		左挡位	右挡位	质量判断	共计4分	测试错误该项不得分	
子任务2得分							

子任务3 基尔霍夫电路装配

要求：根据给出的装配图，将检测好的元器件准确地焊接在提供的印制电路板上。在印制电路板上所焊接的元器件的焊点大小适中、光滑、圆润、干净、无毛刺，无漏、假、虚、连焊，引脚加工尺寸及成形符合工艺要求；导线长度、剥线头长度符合工艺要求，芯线完好，捻线头镀锡。装配完成后，对照表3.8进行简易助听器成品的外观检查。

表3.8 外观检测表

内容	考核要求	配分	评分标准	得分
元器件	元器件应无裂纹、变形、脱漆、损坏。 元器件上标识能清晰辨认。	3分	一个元器件不符合扣0.5分	
电路板	应无堆锡过多，渗到反面，产生短路现象。 线路板不能出现焊盘脱落。 同一类元件，在印制电路板上高度应一致。	2分	一处不合格扣0.5分	
焊接	不能出现剪坏的焊点。 不能出现错焊、虚焊、脱焊、漏焊、焊锡搭接、焊接点拉尖。 元器件应按照装配图正确安装在焊盘上。 接线牢固、规范。	5分	一处不合格扣0.5分	
子任务3得分				

子任务4 基尔霍夫定律测量

先任意设定三条支路的电流参考方向，如图3.2中的I_1、I_2、I_3所示，并熟悉线路结构，掌握各开关的操作使用方法。

基尔霍夫电流定律的测量,该项计 25 分,测量正确 1 个指标计 1 分,结论写对一处 7 分。分别将两路直流稳压电源接入电路,令 $E_1 = 6\text{V}$,$E_2 = 12\text{V}$ 其数值要用电压表监测,记录于表 3.9 中。熟悉电流插头和插孔的结构,先将电流插头的红黑两接线笔接至电流表的"+""−"极;再将电流插头分别插入三条支路的三个电流插孔中,读出相应的电流值,记入表 3.9 中。

表 3.9　基尔霍夫电流定律的验证

内容	电源电压/V		支路电流/mA			
	E_1	E_2	I_1	I_2	I_3	I
计算值						
测量值						
相对误差						

结论:

基尔霍夫电压定律的测量,该项计 25 分,测量正确 1 个指标计 1 分,结论写对一处 7 分。用直流数字电压表分别测量两路电源及电阻元件上的电压值,数据记入表 3.10 中。

表 3.10　基尔霍夫电压定律的验证

内容	回路电压/V					
	U_{FA}	U_{AB}	U_{CD}	U_{DE}	U_{AD}	U
计算值						
测量值						
相对误差						

结论:

任务3　叠加定理实验板制作与测量

学习目标

- 能验证线性电路叠加定理的正确性
- 能加深对线性电路的叠加性和齐次性的认识与理解
- 熟练使用各仪器和仪表

子任务 1　元器件清单的制定

要求:根据叠加定理原理图(图 3.3),在印制电路板焊接和产品安装前,应正确无误地填写完成元件清单(表3.11)。

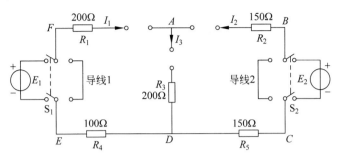

图3.3　叠加定理的电路

表3.11　叠加定理元器件清单

序号	元件名称	规格或型号	编号或作用	数量	配分	评分标准	得分
1	电阻器1				5	填错规格扣2分,填错编号扣2分,填错数量扣1分	
2	电阻器2				5	填错规格扣2分,填错编号扣2分,填错数量扣1分	
3	电阻器3				5	填错规格扣2分,填错编号扣2分,填错数量扣1分	
4	印制电路板				3	规格记录错误,该项不得分	
5	电源1				3	规格记录错误,该项不得分	
6	电源2				3	规格记录错误,该项不得分	
7	开关				2	规格记录错误,该项不得分	
子任务1得分							

子任务2　元器件的检测

要求:根据元件清单表,按照电子元器件检验标准,正确检测元器件,把检测结果填入表3.12中。

表3.12　元器件检测明细表

元器件		识别及检测内容			配分	评分标准	得分
电阻器		额定功率值	额定电压值	电阻值	每支3分共计6分	错1项,扣一分	
	电阻器1						
	电阻器2						
	电阻器3						
电源		额定功率值	额定电压值		共计4分	错1项,扣一分	
	电源1						
	电源2						
拨动开关		左挡位	右挡位	质量判断	共计4分	测试错误该项不得分	
子任务2得分							

子任务3　叠加定理电路装配

要求：根据给出的装配图，将检测好的元器件准确地焊接在提供的印制电路板上。在印制电路板上所焊接的元器件的焊点大小适中、光滑、圆润、干净、无毛刺，无漏、假、虚、连焊，引脚加工尺寸及成形符合工艺要求；导线长度、剥线头长度符合工艺要求，芯线完好，捻线头镀锡。装配完成后，对照表3.13进行简易助听器成品的外观检查。

表3.13　外观检测表

内容	考核要求	配分	评分标准	得分
元器件	元器件应无裂纹、变形、脱漆、损坏。 元器件上标识能清晰辨认。	3分	一个元器件不符合扣0.5分	
电路板	应无堆锡过多，渗到反面，产生短路现象。 线路板不能出现焊盘脱落。 同一类元件，在印制电路板上高度应一致。	2分	一处不合格扣0.5分	
焊接	不能出现剪坏的焊点。 不能出现错焊、虚焊、脱焊、漏焊、焊锡搭接、焊接点拉尖。 元器件应按照装配图正确安装在焊盘上。 接线牢固、规范。	5分	一处不合格扣0.5分	
子任务3得分				

子任务4　叠加定理测量

该项计50分，测量正确1个指标计1.5分，结论写对一处5分。

(1) 令电源 E_1 单独作用（开关 S_1 投向 E_1 侧，开关 S_2 投向导线2侧），用直流数字电压表和毫安表（接电流插头）测量各支路电流及各电阻元件两端的电压，数据记入表3.14中。

(2) 令电源 E_2 单独作用（开关 S_1 投向导线1侧，开关 S_2 投向 E_2 侧），重复步骤(2)的测量并记录。

(3) 令电源 E_1 和 E_2 共同作用（开关 S_1 和 S_2 分别投向 E_1 和 E_2 侧），重复上述的测量和记录。

表3.14　线性电路叠加定理的验证

内容	测量项目									
	E_1	E_2	I_1	I_2	I_3	U_{FA}	U_{AB}	U_{CD}	U_{DE}	U_{AD}
E_1 作用										
E_2 作用										
同时作用										

(4) 根据实验数据验证线性电路的叠加性。

知识链接

1. 电路的三种状态

通路(闭路)：电源与负载接通,电路中有电流通过,电气设备或元器件获得一定的电压和电功率,进行能量转换。

开路(断路)：电路中没有电流通过,又称为空载状态。

短路(捷路)：电源两端的导线直接相连接,输出电流过大对电源来说属于严重过载,如没有保护措施,电源或电器会被烧毁或发生火灾,所以通常要在电路或电气设备中安装熔断器、保险丝等保险装置,以避免发生短路时出现不良后果。

2. 电阻的串联、并联与混联

1) 电阻的串联

(1) 定义。如图 3.4 所示,在电路中,把几个电阻元件依次一个一个首尾连接起来,中间没有分支,在电源的作用下流过各电阻的是同一电流,这种连接方式叫作电阻的串联。

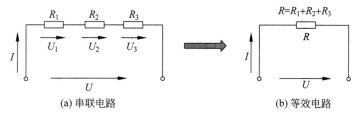

(a) 串联电路　　　　　　　　(b) 等效电路

图 3.4　电阻的串联电路

(2) 电阻串联的特点。

等效电阻：

$$R = R_1 + R_2 + R_3 + \cdots + R_n$$

分压关系：

$$\frac{U_1}{R_1} = \frac{U_2}{R_2} = \frac{U_3}{R_3} = \cdots = \frac{U_n}{R_n}$$

功率分配：

$$\frac{P_1}{R_1} = \frac{P_2}{R_2} = \frac{P_3}{R_3} = \cdots = \frac{P_n}{R_n} = I^2$$

特例：两只电阻 R_1、R_2 串联时,等效电阻 $R = R_1 + R_2$,则有分压公式

$$U_1 = \frac{R_1}{R_1 + R_2} U$$

$$U_2 = \frac{R_2}{R_1 + R_2} U$$

【例 3-1】　有一盏额定电压为 $U_1 = 40\text{V}$、额定电流为 $I = 5\text{A}$ 的电灯,应该怎样把它接入电压 $U = 220\text{V}$ 照明电路中。

解：将电灯(设电阻为 R_1)与一只分压电阻 R_2 串联后,接入 $U = 220\text{V}$ 电源上,如图 3.5 所示。

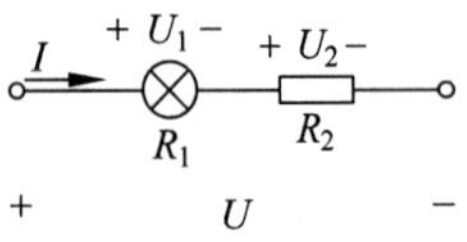

I → + U_1 − + U_2 −
R_1 R_2

+ U −

图 3.5 例 3-1 图

解法一：分压电阻 R_2 上的电压为 $U_2 = U - U_1 = 220 - 40 = 180\mathrm{V}$，且 $U_2 = R_2 I$，则

$$R_2 = \frac{U_2}{I} = \frac{180}{5} = 36\Omega$$

解法二：利用两只电阻串联的分压公式

$$U_1 = \frac{R_1}{R_1 + R_2}U$$

$$R_1 = \frac{U_1}{I} = 8\Omega$$

可得

$$U_2 = \frac{R_2}{R_1 + R_2}U = 36\Omega$$

即将电灯与一只 36Ω 分压电阻串联后，接入 $U = 220\mathrm{V}$ 电源上即可。

2) 电阻的并联

(1) 定义。如图 3.6 所示，一个电路中，若干个电阻的首端、尾端分别相联在一起，这种连接方式称为电阻的并联。

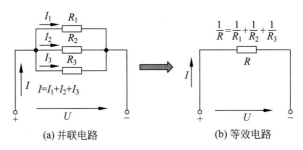

(a) 并联电路   (b) 等效电路

图 3.6 电阻的并联电路

(2) 电阻并联电路的特点。

等效电导：

$$G = G_1 + G_2 + G_3 + \cdots + G_n$$

即

$$\frac{1}{R} = \frac{1}{R_1} + \frac{1}{R_2} + \frac{1}{R_3} + \cdots + \frac{1}{R_n}$$

分流关系：

$$I_1 R_1 = I_2 R_2 = I_3 R_3 = \cdots = I_n R_n = U$$

功率分配：

$$P_1 R_1 = P_2 R_2 = P_3 R_3 = \cdots = P_n R_n = U^2$$

特例：两只电阻 R_1、R_2 并联时，等效电阻

$$R = \frac{R_1 R_2}{R_1 + R_2}$$

则有分流公式

$$I_1 = \frac{R_2}{R_1 + R_2} I$$

$$I_2 = \frac{R_1}{R_1 + R_2} I$$

【例3-2】　如图3.7所示,电源供电电压$U=220V$,每根输电导线的电阻均为$R_1=1\Omega$,电路中一共并联100盏额定电压220V、功率40W的电灯。假设电灯在工作(发光)时电阻值为常数。试求:①当只有10盏电灯工作时,每盏电灯的电压U_L和功率P_L;②当100盏电灯全部工作时,每盏电灯的电压U_L和功率P_L。

解:每盏电灯的电阻为

$$R = \frac{U^2}{P} = \frac{220^2}{40}\Omega = 1210\Omega$$

n盏电灯并联后的等效电阻为$R_n = R/n$。根据分压公式,可得每盏电灯的电压。

$$U_L = \frac{R_n}{2R_1 + R_n} U$$

$$P_L = \frac{U_L^2}{R}$$

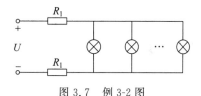

图3.7　例3-2图

当只有10盏电灯工作时,即$n=10$,
则$R_n = R/n = 121\Omega$,因此

$$U_L = \frac{R_n}{2R_1 + R_n} U \approx 216V$$

$$P_L = \frac{U_L^2}{R} \approx 39W$$

(2) 当100盏电灯全部工作时,即$n=100$,则$R_n = R/n = 12.1\Omega$

$$U_L = \frac{R_n}{2R_1 + R_n} U \approx 189V$$

$$P_L = \frac{U_L^2}{R} \approx 29W$$

3) 电阻的混联

(1) 定义。电路中既有电阻的串联关系又有电阻的并联关系,则称为电阻的混联。

(2) 分析方法。先把电阻的混联电路分解为若干个串联和并联关系的电路,再根据电阻串、并联的关系逐一化简,计算出等效电阻,算出总电压(或总电流),最后用分压、分流的办法计算出原电路中各电阻的电压(或电流),再计算出功率。

首先整理清楚电路中电阻串、并联关系,必要时重新画出串、并联关系明确的电路图;

利用串、并联等效电阻公式计算出电路中总的等效电阻;

利用已知条件进行计算,确定电路的总电压与总电流;

根据电阻分压关系和分流关系,逐步推算出各支路的电流或电压。

【例3-3】　如图3.8所示,已知$R_1 = R_2 = 8\Omega$,$R_3 = R_4 = 6\Omega$,$R_5 = R_6 = 4\Omega$,$R_7 = R_8 = 24\Omega$,$R_9 = 16\Omega$;电压$U = 224V$。试求:

① 电路总的等效电阻R_{AB}与总电流I_Σ;

② 电阻 R_9 两端的电压 U_9 与通过它的电流 U_9。

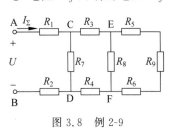

图 3.8　例 2-9

解：① R_5、R_6、R_9 三者串联后，再与 R_8 并联，E、F 两端等效电阻为 $R_{EF} = (R_5 + R_6 + R_9)//R_8 = 24\Omega // 24\Omega = 12\Omega$

R_{EF}、R_3、R_4 三者电阻串联后，再与 R_7 并联，C、D 两端等效电阻为 $R_{CD} = (R_3 + R_{EF} + R_4)//R_7 = 24\Omega // 24\Omega = 12\Omega$

总的等效电阻：$R_{AB} = R_1 + R_{CD} + R_2 = 28\Omega$

总电流：$I_\Sigma = U/R_{AB} = 224/28 = 8A$

② 利用分压关系求各部分电压：

$$U_{CD} = R_{CD} I_\Sigma = 96V$$

$$U_{EF} = \frac{R_{EF}}{R_3 + R_{EF} + R_4} U_{CD} = \frac{12}{24} \times 96 = 48V$$

$$I_9 = \frac{U_{EF}}{R_5 + R_6 + R_9} = 2A$$

$$U_9 = R_9 I_9 = 32V$$

4）电阻星形联接与三角形联接的等效变换

既有电阻串联又有电阻并联的电路称为电阻混联电路。电阻混联中有两种特殊的连接方式，电阻 Y 形联接和△形联接。所谓电阻的星形联接就是将三个电阻的一端连在一起，另一端分别与外电路的三个结点相连，就构成星形联接，又称为 Y 形联接，如图 3.9(a)所示；所谓电阻的三角形联接：将三个电阻首尾相连，形成一个三角形，三角形的三个顶点分别与外电路的三个结点相连，就构成三角形联接，又称为△形联接，如图 3.9(b)所示。

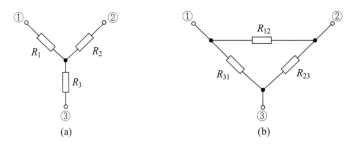

(a)　　　　　　　　　(b)

图 3.9　电阻的 Y 形和△形联接

电阻 Y 形联接转化△形联接时，对应的转化关系如：

$$
\begin{cases}
R_1 = \dfrac{R_{31} R_{12}}{R_{12} + R_{23} + R_{31}} \\[3mm]
R_2 = \dfrac{R_{12} R_{23}}{R_{12} + R_{23} + R_{31}} \\[3mm]
R_3 = \dfrac{R_{23} R_{31}}{R_{12} + R_{23} + R_{31}}
\end{cases}
\tag{3-1}
$$

电阻三角形联接等效变换为电阻星形联接的公式为

$$R_i = \frac{接于\,i\,端两电阻之乘积}{\triangle\,形三电阻之和}$$

当 $R_{12} = R_{23} = R_{31} = R_\triangle$ 时,有

$$R_1 = R_2 = R_3 = R_Y = \frac{1}{3} R_\triangle$$

由式(3-1)可解得:

$$\begin{cases} R_{12} = \dfrac{R_1 R_2 + R_2 R_3 + R_3 R_1}{R_3} \\[3mm] R_{23} = \dfrac{R_1 R_2 + R_2 R_3 + R_3 R_1}{R_1} \\[3mm] R_{31} = \dfrac{R_1 R_2 + R_2 R_3 + R_3 R_1}{R_2} \end{cases} \tag{3-2}$$

电阻星形联接等效变换为电阻三角形联接的公式为

$$R_{mn} = \frac{Y\,形电阻两两乘积之和}{不与\,mn\,端相连的电阻}$$

当 $R_1 = R_2 = R_3 = R_Y$ 时,有

$$R_{12} = R_{23} = R_{31} = R_\triangle = 3 R_Y$$

在复杂的电阻网络中,利用电阻星形联接与电阻三角形联接网络的等效变换,可以简化电路分析。

【例3-4】　求图3.10电路中电流 I。

解: 将 3Ω、5Ω 和 2Ω 三个电阻构成的三角形网络等效变换为星形网络(如图3.11所示)。其电阻值由式(3-1)求得

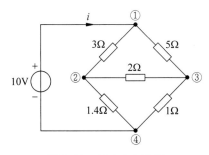
图3.10　例3-4电路图

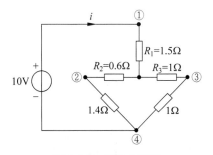
图3.11　等效电路图

$$R_1 = \frac{3 \times 5}{3 + 2 + 5}\Omega = 1.5\Omega$$

$$R_2 = \frac{3 \times 2}{3 + 2 + 5}\Omega = 0.6\Omega$$

$$R_3 = \frac{2 \times 5}{3 + 2 + 5}\Omega = 1\Omega$$

再用电阻串联和并联公式,求出联接到电压源两端单口的等效电阻

$$R = 1.5\Omega + \frac{(0.6 + 1.4)(1 + 1)}{0.6 + 1.4 + 1 + 1}\Omega = 2.5\Omega$$

最后求得

$$I = \frac{10V}{R} = \frac{10V}{2.5\Omega} = 4A$$

3. 基尔霍夫定律

1）几个电路术语

（1）支路：电路中流过同一电流的一个分支称为一条支路。

（2）节点：三条或三条以上支路的联接点称为节点。

（3）回路：由若干支路组成的闭合路径,其中每个节点只经过一次,这条闭合路径称为回路。

（4）网孔：网孔是回路的一种。将电路画在平面上,在回路内部不另含有支路的回路称为网孔。

（5）支路电流和支路电压：电路中的各条支路中的电流和支路的端电压。

如图 3.12 所示,试分析图中所示电路共有支路、节点、回路、网孔各多少?

图 3.12　电路分析

2）基尔霍夫电流定律

（1）定义：基尔霍夫电流定律又叫节点电流定律,简称 KCL。电路中任意一个节点上,在任一时刻,流入节点的电流之和,等于流出节点的电流之和。或：在任一电路的任一节点上,电流的代数和永远等于零。基尔霍夫电流定律依据的是电流的连续性原理。

（2）公式表达

$$\sum i_{\text{入}} = \sum i_{\text{出}}$$

或

$$\sum i = 0$$

如图 3.13 所示,根据基尔霍夫电路定律公式可知：

$$i_1 + i_2 = i_3 + i_4$$

或

$$i_1 + i_2 - i_3 - i_4 = 0$$

（3）广义节点：基尔霍夫电流定律可以推广应用于任意假定的封闭面。对内部电路所包围的闭合面可视为一个节点,该节点称为广义节点。即流进封闭面的电流等于流出封闭面的电流。

如图 3.14 所示电路,电流 i_1、i_2、i_3 三者关系应为：

$$i_1 + i_2 = i_3$$

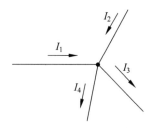

图 3.13　基尔霍夫电流定律

3）基尔霍夫电压定律

（1）定义：基尔霍夫电压定律又叫回路电压定律,简称 KVL。在任一瞬间沿任一回路绕行一周,回路中各个元件上电压的代数和等于零。或各段电阻上电压降的代数和等于各电源电动势的代数和。

（2）公式表达

$$\sum u = 0$$

（3）列上式方程时电压正负确定。

先设定一个回路的绕行方向和电流的参考方向。沿回路的绕行方向顺次求电阻的电压降,当绕行方向与电阻上的电流参考方向一致时,该电压方向取正号,相反取负号。当回路的绕行方向从电源的正极指向负极时,电源电压取正,否则取负。

【例 3-5】 在图 3.15 所示回路中,$I_1 = 3\text{mA}$,$I_2 = 5\text{mA}$,$I_3 = 2\text{mA}$,$R_1 = 5\text{k}\Omega$,$R_2 = 7\text{k}\Omega$,$R_3 = 10\text{k}\Omega$,$E_1 = 10\text{V}$,试确定电路中 E_2 的值。

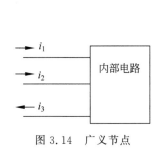

图 3.14 广义节点

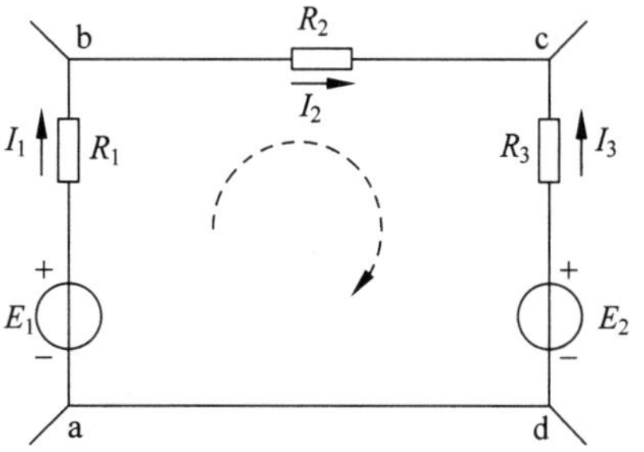

图 3.15 例 3-5 图

解：根据 KVL 和回路绕行方向,可列回路电压平衡方程式为：

$$i_1 R_1 + i_2 R_2 - i_3 R_3 + E_2 - E_1 = 0$$

代入数值,得

$$E_2 = -20\text{V}$$

4. 支路电流法

1）支路电流法

对于一个复杂的直流电流,在已知电路中各电源及电阻参数前提下,设支路电流为未知量,直接应用 KCL 和 KVL,分别对节点和回路列出所需的方程式,然后联立求解出各未知电流。

2）电路方程的独立性

（1）为了完成一定的电路功能,在一个实际电路中,将元件组合连接成一定的结构形式,即支路、节点、回路和网孔。

（2）设电路的节点数为 n,则独立的 KCL 方程为 $n-1$ 个,且为任意的 $n-1$ 个。

（3）给定一个平面电路（可以画在一个平面上而不使任意两条支路交叉的电路称为平面电路）,该电路有 n 个节点,b 条支路,则该电路有 $b-(n-1)$ 个网孔,这些网孔 KVL 方程是独立的。

（4）由 KCL 及 KVL 可以得到的独立方程总数是 b 个（能提供独立的 KCL 方程的节点称为独立节点；能提供独立的 KVL 方程的回路称为独立回路）。

3）支路电流法解题方法

如图 3.16 所示电路,试求各支路电流。

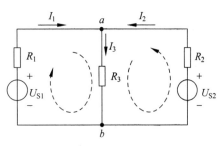

图 3.16　支路电流法电路

(1) 电路的支路数 $b=3$，支路电流有 I_1、I_2、I_3 三个。

(2) 节点数 $n=2$，可列出 $2-1=1$ 个独立的 KCL 方程。

节点 a：

$$I_1 + I_2 - I_3 = 0$$

(3) 独立的 KVL 方程数为 $3-(2-1)=2$ 个。

回路 Ⅰ

$$R_1 I_1 + R_3 I_3 = U_{S1}$$

回路 Ⅱ

$$R_2 I_2 + R_3 I_3 = U_{S2}$$

(4) 联立方程组，代入数据求解未知量

$$\begin{cases} I_1 + I_2 - I_3 = 0 \\ R_1 I_1 + R_3 I_3 = U_{S1} \\ R_2 I_2 + R_3 I_3 = U_{S2} \end{cases}$$

支路电流法的特点是其列写的是 KCL 和 KVL 方程，所以方程列写方便、直观，但方程数较多，宜于在支路数不多的情况下使用。

【例 3-6】　在如图 3.17 所示电路中，试求各支路电流。

解：设各支路电流的参考方向，选取独立回路绕行方向，如图 3.17 所示。

节点①

$$I_1 - I_2 - I_3 = 0$$

回路 1

$$4I_1 + 8I_3 = -5 - 3 = -8$$

回路 2

$$2I_2 - 8I_3 = 3$$

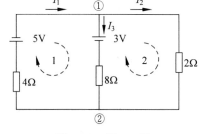

图 3.17　例 3-6 图

联立方程组，解得：

$$I_1 = -1\text{A}$$

$$I_2 = -0.5\text{A}$$

$$I_3 = -0.5\text{A}$$

5. 等效变换

电路中的电源既提供电压，也提供电流。将电源看作是电压源或是电流源，主要是依据电源内阻的大小。为了分析电路的方便，在一定条件下电压源和电流源可以等效变换。

1) 电压源

(1) 电压源的组成及特性。具有较低内阻的电源输出的电压较为恒定，常用电压源来表征。电压源可分为直流电压源和交流电压源。

实际电压源可以用恒定电动势 E 和内阻 r 串联起来表示。其电路图如图 3.18 所示。

实际电压源以输出电压的形式向负载供电,输出电压(端电压)的大小为 $U=E-Ir$,在输出相同电流的条件下,电源内阻 r 越大,输出电压越小。若电源内阻 $r=0$,则端电压 $U=E$,而与输出电流的大小无关。

我们把内阻为零的电压源称为理想电压源,或称恒压源。其电路图如图 3.19 所示。

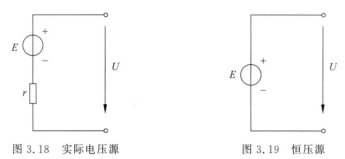

图 3.18 实际电压源   图 3.19 恒压源

一般用电设备所需的电源,多数是需要它输出较为稳定的电压,这要求电源的内阻越小越好,也就是要求实际电源的特性与理想电压源尽量接近。

(2)等效电压源。电压源串联等效:当 n 个电压源串联时,可以合并为一个等效电压源,如图 3.20 所示,等效电压源的 U_S 等于各个电压源的(电动势)代数和,即:

$$U_S = U_{S1} + U_{S2} + U_{S3} + \cdots + U_{Sn}$$

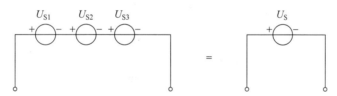

图 3.20 电压源串联等效电路

在上式中,凡方向与 U_S 相同的取正号,反之取负号。等效电压源的内阻等于各个串联电压源内阻之和,即:

$$r_S = r_{S1} + r_{S2} + r_{S3} + \cdots + r_{Sn}$$

电压源并联等效:根据 KVL 得,只有在电压相等且极性一致的电压源才能并联,此时并联电压源对外特性与单个电压源一样。不同值或不同极性电压源不允许并联,否则违反KVL,电压源并联时,每个电压源中的电流都是不确定的。

2)电流源

(1)电流源的组成及特性。具有较高内阻的电源输出的电流较为恒定,常用电流源来表征。内阻无穷大的电源称为理想电流源,又称恒流源。实际使用的稳流电源、光电池等可视为电流源(图 3.21)。

实际电流源简称电流源。电流源以输出电流的形式向负载供电,电源输出电流 I_S 在内阻上分流为 I_O,在负载 R_L 上的分流为 I_L。

(2)等效电流源。电流源并联等效:当 n 个电流源并联时,可以合并为一个等效电流源。等效电流源的电流 I_S 等于各个电流源的电流的代数和,即:

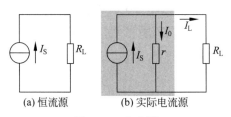

图 3.21　电流源

$$I_S = I_{S1} + I_{S2} + I_{S3} + \cdots + I_{Sn}$$

在上式中,凡方向与 I_S 相同的取正号,反之取负号。等效内阻的倒数等于各个并联电流源内阻的倒数之和,即:

$$1/r_S = 1/r_{S1} + 1/r_{S2} + 1/r_{S3} + \cdots + 1/r_{Sn}$$

电流源串联等效(图 3.22):根据 KCL 得,只有在电流相等且极性一致的电流源才能串联,此时串联电流源对外特性与单个电流源一样。不同值或不同极性电流源不允许串联,否则违反 KCL,电流源串联时,每个电流源上的分得的电压都是不确定的。

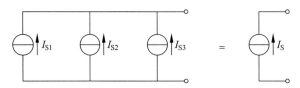

图 3.22　电流源并联等效电路

3)电压源与电流源的等效变换

实际电源既可用电压源表示,也可用电流源表示。在满足一定条件时,电压源与电流源可以等效变换。

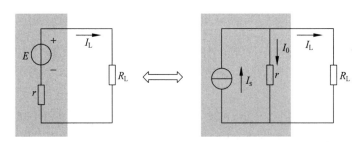

图 3.23　电压源与电流源的等效变换

实际电源可用一个理想电压源 E 和一个电阻 r_0 串联的电路模型表示,其输出电压 U 与输出电流之间关系为:

$$U = E - Ir_0$$

实际电源也可用一个理想电流源 I_S 和一个电阻 r_s 并联的电路模型表示,其输出电压 U 与输出电流 I 之间关系为

$$U = I_s r_s - Ir_s$$

对外电路来说,实际电压源和实际电流源是相互等效的,等效变换条件是 $r_0 = r_s$,$E = I_s r_s$。

【例 3-7】 在如图 3.24 所示电路中,试用电源变换的方法求 R_3 支路的电流。

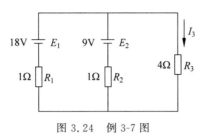

图 3.24 例 3-7 图

解:将两个电压源分别等效变换成电流源,如图 3.25 所示。

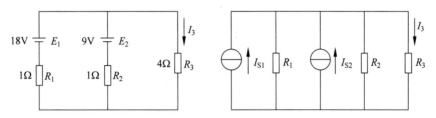

图 3.25 等效变换图

$$I_{S1} = \frac{E_1}{R_1} = \frac{18}{1} = 18\text{A}$$

$$I_{S2} = \frac{E_2}{R_2} = \frac{9}{1} = 9\text{A}$$

将两个电流源合并成一个电流源(图 3.26)。

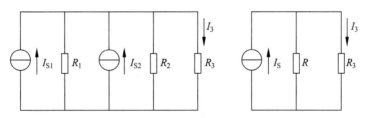

图 3.26 电流源合并

其等效电流和内阻分别为:

$$I_S = I_{S1} + I_{S2} = 27\text{A}$$

$$R = R_1 // R_2 = 0.5\Omega$$

最后可求得 R_3 上的电流为:

$$I_3 = \frac{R}{R + R_3} I_S = 3\text{A}$$

4)受控源

(1)定义。输出电压或电流受电路其他部分电压或电流的控制,这种元件称为"受控源"。受控源又称为非独立源,也是有源器件。

(2)分类。根据控制量是电压还是电流,受控的是电压源还是电流源,理想受控源有四种基本形式。它们是:电压控制电压源(VCVS),电压控制电流源(VCCS),电流控制电压源（CCVS），电流控制电流源（CCCS），如图 3.27 所示。

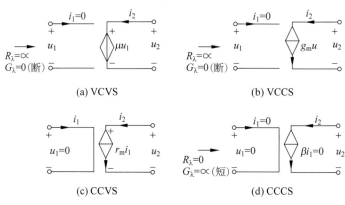

     (a) VCVS   (b) VCCS

     (c) CCVS   (d) CCCS

图 3.27　受控源

其中：

$\mu = U_2/U_1$，称为转移电压比；

$g = I_2/U_1$，称为转移电导；

$\gamma = U_2/I_1$，称为转移电阻；

$\beta = I_2/I_1$，称为转移电流比。

以上四种受控源均指理想受控源。所谓理想，其含义有二：一是指受控电压源的输出电阻为零，受控电流源的输出电阻为无穷大；二是指电流控制的受控源，其输入电阻为零，呈短路状态，电压控制的受控源，其输入电阻为无穷大，呈开路状态。

5）受控源与独立源比较

（1）在同一线性电路中可以同时含有独立电源和受控源。但由于受控源与独立电源的特性完全不同，因此它们在电路中所起的作用也完全不同。独立电源是电路的输入或激励，它为电路提供按给定时间函数变化的电压和电流，从而在电路中产生电压和电流。受控源则描述电路中两条支路电压和电流间的一种约束关系，它的存在可以改变电路中的电压和电流，使电路特性发生变化。假如电路中不含独立电源，不能为控制支路提供电压或电流，则受控源以及整个电路的电压和电流将全部为零。

（2）受控源也具有独立源的一般性质，但必须以控制量的存在为前提条件。在电路分析中对受控源的处理与独立电源并无原则区别，唯一要注意的是，对含有受控源的电路进行化简时，若受控源还被保留，则不要把受控电源的控制量消除掉。

【**例 3-8**】　在如图 3.28 所示的电路中，试求 u_2 的值。

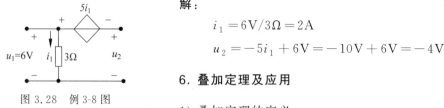

图 3.28　例 3-8 图

解：

$$i_1 = 6\text{V}/3\Omega = 2\text{A}$$

$$u_2 = -5i_1 + 6\text{V} = -10\text{V} + 6\text{V} = -4\text{V}$$

6. 叠加定理及应用

1）叠加定理的定义

叠加定理是线性电路分析的基本方法，其具体内容是：在线性电路中，任一支路的电流

（或电压）等于各个电源单独作用时，在此支路中所产生的电流（或电压）的代数和。也就是说，在线性电路中，任意一处的电流（或电压）响应，恒等于各个独立电源单独作用时在该处产生响应的叠加。叠加定理电路如图 3.29 所示，线性电路任意支路电流 I 的值[图 3.29(a)]等于电压源单独作用该支路所产生的电流 I' 的值[图 3.29(b)]和电流源单独作用该支路所产生的电流 I'' 的值[图 3.29(c)]的代数和。叠加时需注意电流和电压的参考方向，求其代数和。

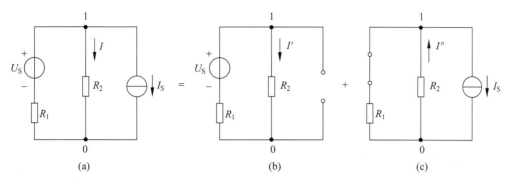

图 3.29　叠加定理电路

2）叠加定理的解题方法

应用叠加定理求解复杂电路，可将电路等效变换成几个简单电路，然后将计算结果叠加，求得原来电路的电流（或电压）。在等效变换过程中，保持电路中所有电阻不变，假定电路中只有一个电源作用，而将其他电源去掉（置零），即应将多余电压源视为短路，将多余电流源视为开路。

另外，在使用叠加定理时，应注意以下几点。

（1）该定理只用于线性电路。

（2）功率不可叠加。

（3）叠加时，应注意电源单独作用时电路各处电压、电流的参考方向与各电源共同作用时的参考方向是否一致。

（4）该定理包含"叠加性"和"齐次性"两重含义。"齐次性"是指某一独立电源扩大或缩小 K 倍时，该电源单独作用所产生的响应分量亦扩大或缩小 K 倍。

（5）叠加时只对独立电源产生的响应叠加，受控源在每个独立电源单独作用时都应在相应的电路中保留，即应用叠加定理时，受控源要与负载一样看待。

【例 3-9】　在如图 3.30 所示的电路中，试用叠加定理求电流 I_1。

解：U_{S1} 单独作用时，电路如图 3.31 所示。

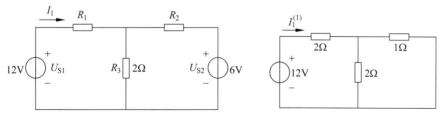

图 3.30　例 3-9 图　　　　　图 3.31　U_{S1} 单独作用时的电路

$$I_1^{(1)} = \frac{U_{S1}}{R_1 + \dfrac{R_2 \times R_3}{R_2 + R_3}} = \frac{12}{2 + \dfrac{2 \times 1}{2 + 1}} A = 4.5A$$

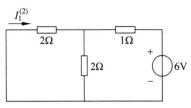

图 3.32 U_{S2} 单独作用时的电路

U_{S2} 单独作用时,电路如图 3.32 所示。

$$I_2^{(2)} = \frac{U_{S2}}{R_2 + \dfrac{R_1 \times R_3}{R_1 + R_3}} = \frac{6}{1 + \dfrac{2 \times 2}{2 + 2}} A = 3A$$

由分流公式可得

$$I_1^{(2)} = 0.5 I_2^{(2)} = 1.5A$$

$$I_1 = I_1^{(1)} + I_1^{(2)} = 4.5A - 1.5A = 3A$$

7. 节点电压法

用支路电流法计算复杂电流时,如果电路的支路数越多,则需要列出求解的联立方程越多,这样不便于求解,有时复杂电路中虽然支路数多,网孔数多,但节点数较少,对于这种电路能否有新的方法去求解电路呢? 这就是本节所要讲的节点电压法。

节点电压法:定义电路中各个节点的节点电压为未知量,根据 KCL 定律列节点的电流方程,求解电流方程后得到各个节点的节点电压,再利用节点电压求各元件的电压、电流。

1) 无纯电压源支路的节点电压方程

在如图 3.33 所示的电路中,选取电路的参考点,假设各支路电流的参考方向。

节点①KCL 方程:

$$I_S + I_{S5} + I_2 + I_5 = 0$$

节点②KCL 方程:

$$-I_2 + I_3 + I_6 = 0$$

节点③KCL 方程:

$$-I_5 - I_{S5} - I_6 + I_4 + I_{S4} = 0$$

用节点电压 φ_1、φ_2、φ_3 表示各支路电流:

$I_2 = U_2/R_2 = (\varphi_2 - \varphi_1)/R_2 = (\varphi_2 - \varphi_1)G_2$

$I_3 = -\varphi_2 G_3$

$I_4 = -\varphi_3 G_4$

$I_5 = (\varphi_3 - \varphi_1)G_5$

$I_6 = (\varphi_3 - \varphi_2)G_6$

代入节点方程得:

节点①

$$(G_2 + G_5)\varphi_1 - G_2\varphi_2 - G_5\varphi_3 = I_S + I_{S5}$$

节点②

$$-G_2\varphi_1 + (G_2 + G_3 + G_6)\varphi_2 - G_6\varphi_3 = 0$$

节点③

$$-G_5\varphi_1 - G_6\varphi_2 + (G_4 + G_5 + G_6)\varphi_3 = I_{S4} - I_{S5}$$

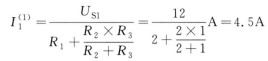

图 3.33 无纯电压源支路的节点电压

方程的规律：

（1）方程的左边是无源元件电流的代数和。

自电导：连接于本节点上的所有支路的电导之和,恒为正值。

互电导：相邻节点与本节点之间公共支路上连接的电导,恒为负值。

（2）方程式右边则为汇集到本节点上的所有已知电流的代数和约定指向节点的电流取正,背离节点的电流取负。

自电导×本节点电压−Σ互电导×相邻节点电压＝流入该节点的所有电源的电流之和。

（3）节点电压法解题的步骤：

① 选定参考节点,并给其余$(n-1)$个节点编号。

② 将电路中所含的电压源支路等效变换为动力源支路。

③ 建立节点电压方程。一般可先算出各节点的自电导、互电导及汇集到本节点的已知电流代数和,然后直接代入节点电流方程。

④ 对方程式联立求解,得出各节点电压。

⑤ 选取各支路电流的参考方向,根据欧姆定律找出它们与各节点电压的关系进而求解各支路电流。

【例 3-10】　在如图 3.34 所示的电路中,试用节点电压法求电路中的各支路电流。

解：取节点 0 为参考节点,节点 1,2 的节点电压方程分别为：

$$(1/1+1/2)U_1-1/2U_2=3$$
$$-1/2U_1+(1/2+1/3)U_2=7$$

解得：

$$U_1=6\text{V},\quad U_2=12\text{V}$$

各支路电流分别为：

$$I_1=U_1/1=6\text{A}$$
$$I_2=(U_1-U_2)/2=-3\text{A}$$
$$I_3=U_2/3=4\text{A}$$

2）含纯电压源支路的节点电压方程

在如图 3.35 所示的电路中,选取电路的参考点,在电压源支路增设一个支路电流 I。

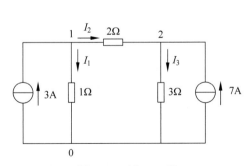

图 3.34　例 3-10 图

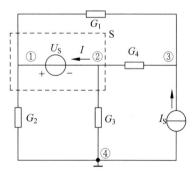

图 3.35　含纯电压源支路的节点电压

节点①
$$(G_1+G_2)\varphi_1-G_1\varphi_3=I$$

节点②
$$(G_3+G_4)\varphi_2-G_4\varphi_3=-I$$

节点③
$$-G_1\varphi_1-G_4\varphi_2+(G_1+G_4)\varphi_3=I_S$$

三个方程四个未知数,可增加一个辅助方程:
$$\varphi_1-\varphi_2=U_S$$

 习题

1. 填空题

(1) 支路电流法是以_____为未知量,依据_____列出方程式,然后解联立方程得到_____的数值。

(2) 用支路电流法解复杂直流电路时,应先列出_____个独立节点电流方程,然后再列出_____个回路电压方程(假设电路有 n 条支路,m 个节点,且 $n>m$)。

(3) 根据支路电流法解得的电流为正值时,说明电流的参考方向与实际方向_____;电流为负值时,说明电流的参考方向与实际方向_____。

(4) 以_____为解变量的分析方法称为节点电压法。

(5) 与某个节点相连接的各支路电导之和,称为该节点的_____。

(6) 两个节点间各支路电导之和,称为这两个节点间的_____。

(7) 在具有几个电源的_____电路中,各支路电流等于各电源单独作用时所产生的电流_____,这一定理称为叠加定理。

(8) 所谓 U_{S1} 单独作用 U_{S2} 不起作用,含义是使 U_{S2} 等于_____,但仍接在电路中。

(9) 两个并联电阻,其中 $R_1=200\Omega$,通过 R_1 的电流为 $I_1=0.2A$,通过整个并联电路的电流为 $I=0.8A$,则 $R_2=$_____Ω,$I_2=$_____A。

(10) 有两个白炽灯,A 为 220V、40W,B 为 220V、100W,则它们正常工作时的电阻值之比 $R_A:R_B=$_____,电流之比 $I_A:I_B=$_____。若将它们串联后接在 220V 的电源上,则它们的电压之比 $U_A:U_B=$_____。

2. 判断题

(1) 运用支路电流法解复杂直流电路时,不一定以支路电流为未知量。(   )

(2) 用支路电流法解出的电流为正数,则解题正确;否则,就是解题错误。(   )

(3) 用支路电流法解题时,各支路电流的参考方向可以任意假定。(   )

(4) 互阻值有时为正有时为负。(   )

(5) 由于节点电压都一律假定电压降,因而各互电导都是负值。(   )

(6) 几个电阻并联后的总阻值一定小于其中任何一个电阻的阻值。(   )

(7) 在电阻分压电路中,电阻值越大,其两端的电压就越高。(   )

（8）在电阻分流电路中,电阻值越大,流过它的电流也就越大。(　　)

3. 计算题

（1）在如图 3.36 所示的电路中,用支路电流法求各支路电流。

（2）在如图 3.37 所示的电路中,用支路电流法求电压 U_0。

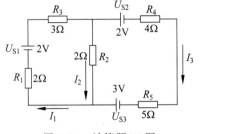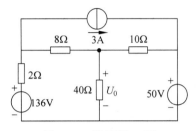

图 3.36　计算题(1)图　　　　　　　图 3.37　计算题(2)图

（3）在如图 3.38 所示的电路中,列出节点电压方程。

（4）在如图 3.39 所示的电路中,用节点电压法求电压 U。

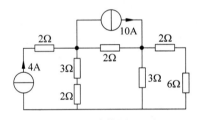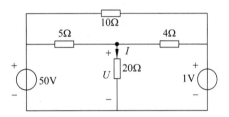

图 3.38　计算题(3)图　　　　　　　图 3.39　计算题(4)图

（5）在如图 3.40 所示的电路中,用叠加定理求电压 U_2。

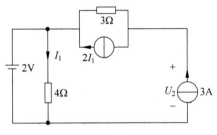

图 3.40　计算题 5 图

项目4 家居电路的设计与安装

总体学习目标

- 理解单相交流电
- 能绘制家居电路
- 能安装家居电路

项目描述

本项目以某楼盘民用住宅建筑工程为背景。该工程包含大量的 SOHO 公寓(公寓平面图如图 4.1 所示)。该公寓主体部分设计与施工已完成。请按照下述各个任务的要求,以已有建筑、电气部分(电气设备布置图如图 4.2 所示)为基础补充该工程 SOHO 公寓内的电气系统设计与安装内容。

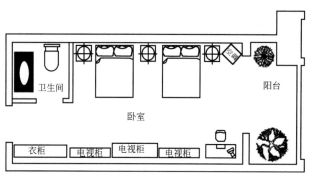

图 4.1 公寓平面图

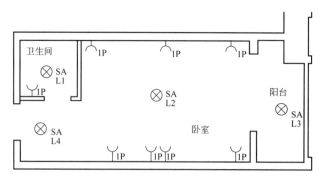

图 4.2 电气设备布局图

任务 1　简单照明电路的设计与安装

学习目标

- 熟悉电路图简图符号
- 能绘制电路图
- 能确定电气设备的电气参数
- 能进场验收主要设备、材料
- 能安装电气设备

子任务 1　简单照明电路设计

任务要求

公寓阳台只有一个用电设备,即屋顶中央有一盏安全照明灯 L3(灯光为白色)。晚上,当人进入阳台时,人打开照明开关,然后安全照明灯 L3 亮。当人离开阳台时,人关闭照明开关,然后安全照明灯 L3 灭。该照明灯 L3 为常见的普通照明灯,不带声控、人体感应、远程控制等功能。该照明灯仅仅在阳台发挥照明作用。请根据上述描述设计该公寓阳台照明回路,并符合照明设计工艺要求[3](见表 4.1)。

表 4.1　照明设计工艺要求

照明系统中的每一单相分支回路电流不宜超过 16A。
全部采用 220V 单相供电。
负荷计算采用需要系数法。
低压配电电线、电缆的材质选用铜。
导体工作电压不低于 0.45kV/0.75kV。
低压配电导体的载流量不应小于预期负荷的最大计算电流和按保护条件所确定的电流。
低压配电导体最小截面积为 1.5mm^2。
电源插座不宜和普通照明灯接在同一分支回路。

为便于所有专业人员理解电路图,并且减少因图形符号不一致带来的识图障碍。本次设计采用国家统一的电路图图形符号。请在表 4.2 中填写安全照明灯、交流电接线端子、开关的图形符号,以及相电压、电流的文字符号。

表 4.2　电路图符号表

序号	图形符号	说　　明	序号	文字符号	单位	说明
1		安全照明灯符号	1			电压符号
2		交流电接线端子符号	2			电流符号
3		开关符号				

公寓阳台只有一个位于屋顶中央的用电器,即安全照明灯 L3。该公寓的配电箱可以提

供单相交流电,该配电箱提供的电能足以满足本次设计的所有要求,该配电箱引出的导线可以敷设到阳台给用电器使用,请按照任务要求设计照明灯 L3 的电路图(图 4.3)。

图 4.3　阳台照明电路图

根据上述电路图补充材料统计表中参数信息(表 4.3)。

表 4.3　材料统计表

序号	材料名称	参　　数	数量	序号	材料名称	参数	数量
1	电缆	截面积:＿＿ 材质:＿＿ 绝缘层:＿＿ 根数(芯数):＿＿	＿＿m	3	开关	额定电压:＿＿ 额定电流:＿＿	＿＿个
2	安全照明灯	功率:＿＿	＿＿个				

知识链接

1. 单相电

1)正弦交流电最值/幅值

正弦交流电的电压大小或者电流大小并不像直流电那样固定不变或者发生突变,而是按照正弦规律变化。从正弦的数学规律可知,正弦信号有最大值和最小值。最大值指正弦波形中函数值最大的值,即正弦波形中波峰对应的函数值;最小值指正弦波形中函数值最小的值,即正弦波形中波谷对应的函数值。最大值与最小值被统称为最值。幅值指横轴与最值之间偏差的绝对值,如图 4.4 所示。因此,正弦交流电的最值包括正弦交流电的最大值和最小值,通常使用 $U_{\max}$ 表示交流电压的最大值,$U_{\min}$ 表示交流电压的最小值,$I_{\max}$ 表示交流电流的最大值,$I_{\min}$ 表示交流电流的最小值。正弦交流电幅值的大小等于正弦交流电最大值或者最小值的绝对值,通常使用 A 表示。

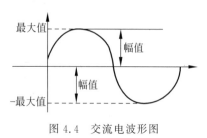

图 4.4　交流电波形图

2)正弦交流电的有效值

有效值又称均方根值,是一种用以计量交流电大小的值。交流电通过某电阻,在一周期内所产生的热量与直流电通过该电阻在同样时间内产生的热量相等,此直流电的量值则是该交流电的有效值。计算表达式为

$$U_{\max} = \sqrt{2}\, U_{有效}$$

2. 交流电的功率

功率指通过用电设备在单位时间内消耗的电能。在纯电阻电路中,所有的用电设备都消耗电能,所以用电设备消耗的电能等于电网输出的电能。在非纯电阻电路中,因储能元件的储能作用,电网输出的电能等于用电设备消耗的电能与用电设备中储能元件吸收的电能。因此用电设备的功率划分为有功功率和无功功率。在纯电阻电路中,用电设备的功率仅仅指有功功率。在含有储能元件的电路中,用电设备的功率包含有功功率和无功功率。

3. 额定电压

额定电压是指电气设备长时间正常工作时的最佳电压,额定电压也称为标称电压。当电气设备的工作电压高于额定电压时容易损坏设备,而低于额定电压时将不能正常工作(如灯泡发光不正常,电机不正常运转)。额定电压下,用电设备、发电机和变压器等在正常运行时具有最大经济效益。此时设备中的各部件都工作在最佳状态,性能比较稳定,寿命相对较长。

4. 额定电流

额定电流是指用电设备在额定电压下,按照额定功率运行时的电流。也可定义为电气设备在额定环境条件(环境温度、日照、海拔、安装条件等)下可以长期连续工作的电流。用电器正常工作时的电流不应超过它的额定电流。额定电流一般由下式计算得出:

$$I_{额} = \frac{P_{额}}{U_{额}}$$

5. 电压分段

电气设备、器具和材料的额定电压区段划分如表 4.4 所示

表 4.4　额定电压区段划分

额定电压区段	交　流	直　流
特低压	50V 及以下	120V 及以下
低压	50V~1.0kV(含 1.0kV)	120V~1.5kV(含 1.5kV)
高压	1.0kV 以上	1.5kV 以上

6. 电路图概念

在日常生活与工程项目中,电气设备是必不可少的设备。电缆将电气设备连接在一起。电气设备借助电缆相互传递电能或者数据信息。图 4.5 表达了三个用电器与电源之间的电缆连接信息,220V 交流电源借助电缆向用电器传输电能,用电器借助电缆获得维持自身正常工作的能量。在项目中,表达电气设备及其之间的电缆组成和物理连接信息的简图被称为电路图。在电路图中,电气设备被标准电气图形符号代替,电缆被直线代替。电路包含的基本元素有电气设备符号、电缆符号、物理量符号等。电路图中的电气设备可以采用单个符号或多个符号组合表示。但是同一张电路图中,同一个符号不宜表示不同的电气设备。除

了基本元素以外,电路还可以包含说明信息,如设备编号、端子代号、电流方向、电压方向、电气设备参数等。电路图应便于理解电路的控制原理及其功能,可不受元器件实际物理尺寸和形状的限制。在电路图中,信息的表达顺序是从左往右、从上往下。同一张电路图至少应绘制主电路,表达主电路的全部或部分信息,如控制过程或信号流的方向,并可增加端子接线图(表)、设备表等。如果同一张图中有多个电路时,电路被区分为主电路和控制电路,主电路采用垂直布置,控制电路采用水平布置、垂直布置或水平垂直相结合的布置。主电路在右,控制电路在左。

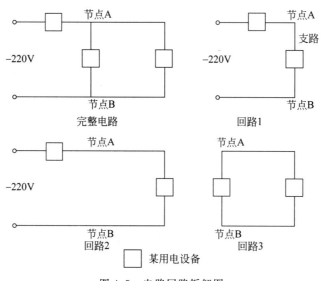

图 4.5　电路回路拆解图

主电路分为单线表示法和多线表示法,单线表示法适用于三相或各线内容基本对称的情况,多线表示法适用于各相或各线内容不对称的情况。多线表示法可以详细地表达各相或各线的内容。

控制电路图采用水平布置时,控制流程宜从左到右;采用垂直布置时,控制流程宜从上到下;与符号有关的编号应置于符号的上方;控制电路图采用垂直布置时,与符号有关的编号应置于符号的左侧。

7. 回路概念

在电路理论中,每一个有电流流过的线路被称为电路。在图 4.5 中,完整电路包含 3 个用电设备和一个 220V 交流电源。该电路通电后,电流将流过每一个用电设备和电源。在电路中每一个闭合线路被称为回路。图 4.5 所示完整电路可以拆分为 3 个回路,即回路 1、回路 2 和回路 3。一个回路可以包含至少一个用电设备,但是不允许存在无用电设备的回路。

8. 图形符号

图形符号在不改变其含义的前提下可放大或缩小,但图形符号的大小宜与图样比例相协调。当图形符号旋转或镜像时,图形符号所包含的文字标注方位,宜为自设计文件下方或右侧为视图正向。新的图形符号创建方法可参见《电气技术用文件的编制　第1部分：规则》GB/T 6988.1—2008/IEC 61082—1：2006。本项目图形符号主要依据《电气简图用图形符号》GB/T 4728.6—2008～GB/T 4728.1—2008/IEC60617 编制，常用图形符号见表4.5。

表4.5　常见图样的常用图形符号

序号	图形符号	说　明	应用类别
1	○	端子	电路图、接线图、平面图、总平面图、系统图
2	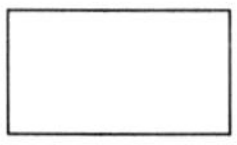  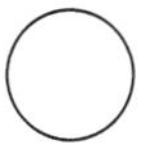	物件，一般符号	电路图、接线图、平面图、系统图
3		断路器，一般符号	电路图、接线图
4	⊗	信号灯，一般符号	电路图、接线图、平面图、系统图
5		电源插座、插孔，一般符号	平面图
6		开关，一般符号	平面图
7	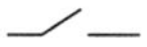	开关，一般符号	电路图

9. 文字符号

绘制电气图时，宜采用表4.6～4.9中的电气设备标注方式表示。

表4.6　电气设备的标注方式

序号	标注方式	说　明
1	$\frac{a}{b}$	用电设备标准 a——参照代号 b——额定容量

序号	标注方式	说　明
2	$a-b\dfrac{c\times d\times L}{e}f$	灯具标注 a——数量 b——型号 c——每盏灯具的光源数量 d——光源安装容量 e——安装高度(m) ——吸顶安装 L——光源种类 f——安装方式

表 4.7　供配电系统设计文件标注的文字符号

序号	文字符号	名　称	单位
1	U_n	系统标称电压线电压	V
2	U_r	设备的额定电压,线电压(有效值)	V
3	I_r	额定电流	A
4	P_r	额定功率	kW
5	P_n	设备安装功率	kW
6	P_c	计算有功功率	kW
7	Q_c	计算无功功率	kvar
8	S_c	计算视在功率	kVA
9	S_r	计算电流	A

表 4.8　设备端子和导体的标志和标识

序号	导　体		文字符号	
			设备端子标志	导体和导体终端标识
1	交流导体	第1线	U	L1
		第2线	V	L2
		第3线	W	L3
		中性导体	N	N
2	直流导体	正极	+或 C	L+
		负极	—或 D	L—
		中间点导体	M	M
3	保护导体		PE	PE
4	PEN 导体		PEN	PEN

表 4.9　电气设备常用参照代号的字母代码

设备、装置和元件名称	参照代号字母代码	
	主类代码	含子类代码
低压配电柜	A	AN
动力配电箱		AP
照明配电箱		AL

设备、装置和元件名称	参照代号字母代码	
	主类代码	含子类代码
白炽灯	E	EA
断路器	Q	QA
照明线路	W	WL
插座、插座箱	X	XD

10．导体载流量与截面积

在电气设计时，电线电缆载流量数据主要来源于国家标准，并对国家标准中的数据进行了编排和计算，以方便设计人员使用。根据我国地理气候条件，对空气中敷设的电线电缆给出了不同环境温度下的载流量，见表4.10、表4.11。

表4.10　BV绝缘电线敷设在明敷导管内的持续载流量

型号	BV															
额定电压/kV	0.45/0.75															
导体工作温度/℃	70															
环境温度/℃	25				30				35				40			
电缆数/根　标称截面积/mm²	2	3	4	5、6	2	3	4	5、6	2	3	4	5、6	2	3	4	5、6
1.5	18	15	13	11	17	15	13	11	15	14	12	10	14	13	11	9
2.5	25	22	20	16	24	21	19	16	22	19	17	15	20	18	16	13
4	33	29	26	23	32	28	25	22	30	26	23	20	27	24	21	19
6	43	38	33	29	41	36	32	28	38	33	30	26	35	31	27	24
10	60	53	47	41	57	50	45	39	53	47	42	36	49	43	39	33

表4.11　BV绝缘电线敷设在隔热墙中导管内的持续载流量

型号	BV															
额定电压/kV	0.45/0.75															
导体工作温度/℃	70															
环境温度/℃	25				30				35				40			
电缆数/根　标称截面积/mm²	2	3	4	5、6	2	3	4	5、6	2	3	4	5、6	2	3	4	5、6
1.5	14	13	11	9	14	13	11	9	13	12	10	8	12	11	9	8
2.5	20	19	15	13	19	18	15	13	17	16	14	12	16	15	13	11
4	27	25	21	19	26	24	20	18	24	22	18	16	22	20	17	15
6	36	32	28	24	34	31	27	23	31	29	25	21	29	26	23	20
10	48	44	38	33	46	42	36	32	43	39	33	30	40	36	31	27

子任务 2　简单照明电路安装

任务要求

公寓阳台只有一个用电设备,即屋顶中央有一盏安全照明灯 L3(灯光为白色)。该照明灯的供电电路图如图 4.3 所示,安装材料如表 4.3 所示,照明灯 L3 在阳台屋顶的位置尺寸如图 4.6 所示,尺寸单位:mm,绘图比例是 1:50。人为操作单联单控开关,从而控制照明灯 L3 的亮灭。请完成电路的安装,并符合图纸中的尺寸要求和安装工艺要求(见表 4.12)。

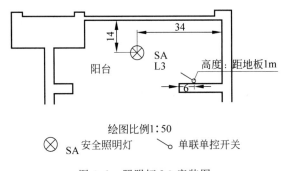

绘图比例1:50

⊗ SA 安全照明灯　　　 单联单控开关

图 4.6　照明灯 L3 安装图

表 4.12　安装工艺要求

主要设备、材料、成品和半成品应进场验收合格,并应做好验收记录和验收资料归档。当设计有技术参数要求时,应核对其技术参数,并应符合设计要求。

照明灯具及附件的进场验收应符合下列规定:

外观检查:灯具涂层应完整、无损伤,附件应齐全,Ⅰ类灯具的外露可导电部分应具有专用的 PE 端子。

开关、插座、接线盒和风扇及附件的进场验收应包括下列内容:

外观检查:开关、插座的面板及接线盒盒体应完整、无碎裂、零件齐全。

绝缘导线、电缆的进场验收应符合下列规定:

外观检查:包装完好,电缆端头应密封良好,标识应齐全;抽检的绝缘导线或电缆绝缘层应完整无损,厚度均匀;电缆无压扁、扭曲,铠装不应松卷;绝缘导线、电缆外护层应有明显标识和制造厂标。

检查标称截面积和电阻值:绝缘导线、电缆的标称截面积应符合设计要求,其导体电阻值应符合现行国家标准《电缆的导体》GB/T 3956 的有关规定。

安装规范要求符合设计要求。

按照表 4.3 所示材料,完成设备、材料进场验收并在表 4.13 中填写验收结果。设备、材料进场验收后可以保证所有材料符合规范要求,然后逐步施工完成安装任务。

表 4.13　进场验收结果表

材料、设备名称	检查参数	是否符合设计要求	材料、设备名称	检查参数	是否符合设计要求
电缆	材质：_____ 截面积：_____ 外观：_____ 电阻值：_____ 根数(芯数)：_____ 绝缘层：_____		开关	外观：_____ 额定电压：_____ 额定电流：_____	
			照明灯 L3	外观：_____ 功率：_____	

知识链接

1．绝缘电缆电阻值测量

电缆应在试验场地放置足够长的时间，以确保使用提供的校正系数时，导体温度已经达到精确测定电阻值允许的水平。

导体直流电阻值的测量在整根电缆长度或软线上或者在长度至少为 1m 的电缆样品或软线上和室温下进行，并记录测量时的温度。通过表 4.14 提供的校正系数修正测量电阻值。依据整根电缆的长度，而非单独的线芯或单线长度，计算每千米长度电缆的电阻值。如果必要，应采用下列公式将电阻值修正到 20℃时和 1km 长度的电阻值。

$$R_{20} = R_t \times k_t \times \frac{1000}{L}$$

式中：

k_t——表 4.14 中提供的温度校正系数；

R_{20}——20℃时 1km 长度导体的电阻值，Ω/km；

R_t——导体测量电阻值，Ω；

L——电缆长度，m。

表 4.14　温度校正系数 k_t

1	2	1	2
测量时导体的温度 $t/℃$	校正系数 k_t（对所有导体）	测量时导体的温度 $t/℃$	校正系数 k_t（对所有导体）
0	1.087	20	1.000
1	1.082	21	0.996
2	1.078	22	0.992
3	1.073	23	0.988
4	1.068	24	0.984
5	1.064	25	0.980
6	1.059	26	0.977
7	1.055	27	0.973
8	1.050	28	0.969

1	2	1	2
测量时导体的温度 t/℃	校正系数 k_t（对所有导体）	测量时导体的温度 t/℃	校正系数 k_t（对所有导体）
9	1.046	29	0.965
10	1.042	30	0.962
11	1.037	31	0.958
12	1.033	32	0.954
13	1.029	33	0.951
14	1.025	34	0.947
15	1.020	35	0.943
16	1.016	36	0.940
17	1.012	37	0.936
18	1.008	38	0.933
19	1.004	39	0.929

2．导线的颜色标识

在实际电路中导线数量繁多。为了便于识别导线,所以采用颜色区分不同的导线。常见的导体颜色标识如表 4.15 所示。

表 4.15　导体的颜色标识

导体名称	颜色标识
交流导体的第 1 线	黄色（YE）
交流导体的第 2 线	绿色（GN）
交流导体的第 3 线	红色（RD）
中性导体 N	淡蓝色（BU）
保护导体 PE	绿/黄双色（GN/YE）

3．绘图比例

在现实生活中,一条直绳的实际长度是 100m。在纸上使用一条直线代表该直绳,绘图者绘制的直线长度可以是 100m、50m、10m 或 1m。绘图者决定实际的绘制长度。在不同的图纸中,不同长度的直线可能代表同一根直绳。假如一根直绳的实际长度是 x,在某张图纸中代表该直绳的直线长度是 y,则定义如下表达式为绘图比例:

$$绘图比例 = \frac{y}{x}$$

例如绘图比例是 1：50,那么 $y：x = 1：50$,于是

$$y = 绘图比例 \times x = \frac{1}{50} \times x$$

或者

$$x = \frac{y}{\text{绘图比例}} = 50y$$

在图纸中,当某两点的距离是 10mm 时,该两点在实际中的距离是

$$x = 50y = 50 \times 10\text{mm} = 500\text{mm}$$

当某两点在实际中的距离是 1000mm 时,该两点在图纸中的距离是

$$y = \frac{1}{50} \times x = \frac{1}{50} \times 1000\text{mm} = 20\text{mm}$$

任务 2　单室电路的设计与安装

学习目标

- 熟悉电路图简图符号
- 能绘制电路图
- 能确定电气设备的电气参数
- 能进场验收主要设备、材料
- 能安装电气设备

子任务 1　单室电路的设计

任务要求

　　该公寓的空间被划分为主卧室和阳台。在前面的任务中,阳台部分的电路设计与安装已经完成。主卧室的空间按照功能可划分为卫生间区域、入户走道区域、休息区域。主卧室的设备布局图如图 4.2 所示,卫生间区域有一盏防水安全照明灯 L1 和 1 个单相插座,预留的插座用于吹风机、足浴盆等设备供电。入户走道区域有一盏安全照明灯 L4,人在晚上出入公寓时可以打开或关闭照明灯。当人打开照明灯后,人可以看清走道区域,从而完成换鞋等活动。在休息区域有一盏安全照明灯 L2 和 7 个单相插座,休息区域上方靠近阳台的插座预留给空调使用,其余两个插座预留给手机充电。休息区域下方中间的插座预留给电视机和机顶盒供电。该部分左边的插座预留给饮水机供电。该部分右边的插座预留给书桌台灯供电。按照上述电气设备的规划,请完成公寓卧室与卫生间的电路设计与安装,并符合工艺要求。

　　为便于所有专业人员理解电路图,并且减少因图形符号不一致带来的识图障碍,本次设计采用国家统一的电路图图形符号,请在表 4.16 中填写单相插座的图形符号。

表 4.16　电路图符号表

序号	图形符号	说　　明
1		单相插座符号

　　公寓主卧共有 3 个照明灯和 7 个插座,全部都是单相电设备。该公寓的配电箱可以提

供单相交流电;该配电箱提供的电能足以满足本次设计的所有要求;该配电箱引出的导线可以敷设到主卧三个区域给用电器使用。请参考主卧各个照明灯和插座的规划用途,按照任务要求设计主卧室的电路图(图 4.7)。

图 4.7　主卧室供电电路图

根据上述电路图补充材料统计表中的参数信息,见表 4.17。

表 4.17　材料统计表

序号	材料名称	参　　数	数量	备注	序号	材料名称	参　　数	数量	备注
1	电缆	截面积:＿＿＿ 材质:＿＿＿ 绝缘层:＿＿＿ 根数(芯数):＿＿	＿＿m		5	安全照明灯	功率:＿＿＿ 其他要求:防水	＿＿个	主卧卫生间
2	开关	额定电压:＿＿＿ 额定电流:＿＿＿	＿＿个	主卧卫生间	6	安全照明灯	功率:＿＿＿	＿＿个	主卧入户走道
3	开关	额定电压:＿＿＿ 额定电流:＿＿＿	＿＿个	主卧休息区	7	安全照明灯	功率:＿＿＿	＿＿个	主卧休息区
4	开关	额定电压:＿＿＿ 额定电流:＿＿＿	＿＿个	主卧入户走道	8	插座	功率:＿＿＿ 额定电压:＿＿＿ 额定电流:＿＿＿	＿＿个	

子任务 2　单室电路的安装

任务要求

公寓主卧有 3 盏照明灯、3 个开关和 7 个插座,主卧的供电电路图如图 4.7 所示,安装材料如表 4.17 所示,各个设备在主卧的位置尺寸如图 4.8 所示,尺寸单位为 mm,绘图比例是 1∶50。位于卫生间内墙面的开关(见图 4.9)用于控制卫生间照明灯 L1 亮灭,位于卫生间外墙面靠近大门的开关用于控制照明灯 L4 亮灭,位于休息区与卫生间交界墙面的开关用于控制照明灯 L2 亮灭。请完成电路的安装工作,并符合图纸中的尺寸要求和安装工艺要求(见表4.12)。

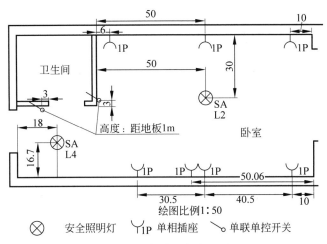

图 4.8 主卧设备布局图

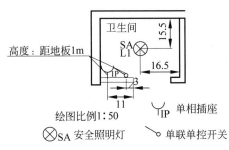

图 4.9 卫生间设备布局图

按照表4.17所示的材料,完成设备、材料进场验收并在表4.18中填写验收结果。设备、材料进场验收后可以保证所有材料符合规范要求,然后逐步施工完成安装任务。

表 4.18 进场验收结果表

材料、设备名称	检查参数	是否符合设计要求	材料、设备名称	检查参数	是否符合设计要求
电缆	材质:_____ 截面积:_____ 外观:_____ 电阻值:_____ 根数(芯数):_____ 绝缘层:_____		照明灯 L4	外观:_____ 功率:_____	
照明灯 L1	外观:_____ 功率:_____		开关	外观:_____ 额定电压:_____ 额定电流:_____	
照明灯 L2	外观:_____ 功率:_____		插座	外观:_____ 额定电压:_____ 额定电流:_____	

任务3 单户室内电路的设计与安装

学习目标

- 熟悉电路图简图符号
- 能绘制电路系统图
- 能确定电气设备的电气参数
- 能进场验收主要设备、材料
- 能安装电气设备

子任务1 单户配电箱设计

任务要求

在前面的任务中,公寓主卧与阳台的电路设计和安装工作已经完成。公寓内所有插座与照明灯的电能全部从公寓配电箱获取,但是公寓配电箱与楼层配电箱之间还未有电路连接。公寓配电箱的电能来源于楼层配电箱,所以该公寓需要完善公寓配电箱的设计与安装,公寓内用户才能正常使用电能。请以公寓内电路图(如图4.3和图4.7所示)为基础,完成单户公寓配电箱的设计,并符合工艺要求(见表4.1)。

请补充系统图中各个输出回路和进线回路的负荷数据与电缆参数(填写在图4.10中)。

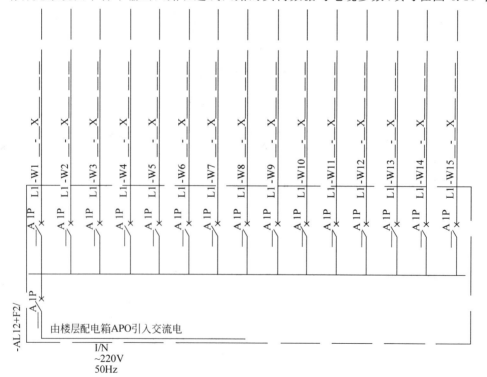

图4.10 公寓照明配电箱系统图

根据上述系统图补充材料统计(表 4.19)中的参数信息。

表 4.19　材料统计表

序号	材料名称	参　　数	数量	备注	序号	材料名称	参　　数	数量	备注
1	配电箱体	回路数：＿＿＿ 单双排：＿＿＿ 安装形式：＿＿＿	＿＿＿个		5	断路器	额定电流：＿＿＿ 极数：＿＿＿ 线制：单相	＿＿＿个	
2	断路器	额定电流：＿＿＿ 极数：＿＿＿ 线制：单相	＿＿＿个		6	断路器	额定电流：＿＿＿ 极数：＿＿＿ 线制：单相	＿＿＿个	
3	断路器	额定电流：＿＿＿ 极数：＿＿＿ 线制：单相	＿＿＿个		7	断路器	额定电流：＿＿＿ 极数：＿＿＿ 线制：单相	＿＿＿个	
4	断路器	额定电流：＿＿＿ 极数：＿＿＿ 线制：单相	＿＿＿个		8	断路器	额定电流：＿＿＿ 极数：＿＿＿ 线制：单相	＿＿＿个	

知识链接

1. 系统图概念

当电气设备之间的电缆连接信息或者某一个电气设备内部电缆的连接信息概略地在图纸中表达,但是并不表达电路的控制原理时,采用如图 4.11 所示的表达形式。该图概略表达了一个照明配电箱内部的电路连接信息,其中虚线框代表照明配电箱箱体,虚线框内的竖线代表总断路器出线口与其他断路器进线口之间的电缆,竖线两侧的每一根实线代表了一个回路,左侧实线为照明配电箱的进线回路,右侧实线代表配电箱的每个出线回路。因每个回路被断路器保护,所以在系统图中每个回路都有断路器符号,并标注断路器的过电流保护参数和级数参数。在出线回路实线与配电箱体虚线的交界处右侧标注回路编号。在同一个配电箱系统图中,每个回路的编号必须唯一,并且以"－W"开头。在交界处左侧标注 L1、L2 或者 L3,该文字符号代表该回路在三相电中的相序,如 L1 代表第一相序,L2 代表第二相序,L3 代表第三相序。配电箱的输入电信号为三相交流电,在进线口标注的"3/NPE～220 380V 50Hz"说明进线包括 3 根火线、地线(PE)以及中性线(N,也称为零线)。三相交流电的线电压为 380V,相电压为 220V,工作频率是 50Hz。如果配电箱的输入电信号为单线交流电,在进线口标注的"1/N～220V 50Hz"说明进线包括 1 根火线以及中性线(N 也称为零线)。每个出线回路标注电缆的信息,该信息包括绝缘层信息(如 BV)、电缆芯数和截面积(如 $2 \times 2.5 \text{mm}^2$)、管径(如 SC15)和敷设方式(如 CE)。出线回路末尾标注负荷功率和负荷名称,并且用横线区分,横线上方是负荷名称,横线下方是负荷功率。在电气工程中,概略地表达一个项目的全面特性的简图被称为系统图。除此之外,动力配电箱、楼层配电信息等也使用系统图表达。

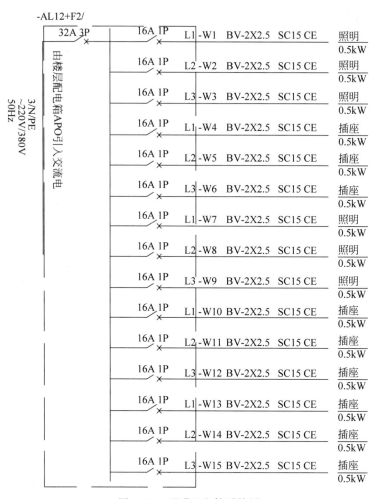

图 4.11　照明配电箱系统图

2. 配电箱体

配电箱通常为长方体,其内部有安装断路器的导轨,某些动力配电箱还有接地端子,该端子与建筑物的接地极连接。导轨的最左端安装进线回路的断路器,俗称总开关。配电箱体内从左向右依次安装每个出线回路的断路器。配电箱中安装的断路器越多,该配电箱的回路数越多,因此配电箱的回路数参数作为选购配电箱的重要参数,除此之外,配电箱的参数还有外观、尺寸和安装方式。由配电箱系统图可知,照明配电箱发挥电力分配作用。在电气设计中,应选择与配电箱系统图中回路数一致的配电箱体。配电箱的外观主要包括颜色和形状,需要与外部环境协调,凸显美观。其安装方式有明装与暗装两种,根据美观的需要选择。明装指配电箱安装在墙体的表面;暗装指配电箱体安装在墙体的内部,只有方便操作断路器的一面与墙面平齐。配电箱的尺寸与安装区域的面积、配电箱的回路数有关。配电箱的尺寸必须在安装区域容许的尺寸范围内。在回路数能满足设计要求的情况下,配电箱尺寸越小越节省材料。配电箱体的选择坚持够用、美观原则。配电箱的材料要具有绝缘性能,从而提高安全性。

子任务 2 单户配电箱安装

任务要求

　　每个公寓只配置一个照明配电箱。该配电箱为单相电配电箱,包含进线回路、照明回路和插座回路。每个回路采用断路器作为保护装置,其内部有接地端子。该配电箱位于大门旁边,进门后右侧的墙面上,其位置图如图 4.12 所示。该配电箱的电来源于楼层配电箱,然后沿各个回路输出到用电器端。请按照照明配电箱系统图完成照明配电箱的安装(配电箱体已安装到墙体表面),并符合位置图中标注的尺寸要求和安装工艺要求。

　　按照如表 4.19 所示材料,完成设备、材料进场验收并在表 4.20 中填写验收结果。设备、材料进场验收后可以保证所有材料符合规范要求,然后逐步施工完成安装任务。

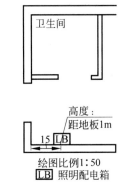

图 4.12　配电箱位置图

表 4.20　进场验收结果表

材料、设备名称	检查参数	是否符合设计要求	材料、设备名称	检查参数	是否符合设计要求
照明配电箱体	回路数:_____ 单双排:_____ 安装形式:_____		断路器	额定电流:_____ 极数:_____ 线制:_____	
断路器	额定电流:_____ 极数:_____ 线制:_____		断路器	额定电流:_____ 极数:_____ 线制:_____	
断路器	额定电流:_____ 极数:_____ 线制:_____		断路器	额定电流:_____ 极数:_____ 线制:_____	
断路器	额定电流:_____ 极数:_____ 线制:_____		断路器	额定电流:_____ 极数:_____ 线制:_____	

评价与总结

填写如表4.21所示的评价表。

表 4.21　评价表

内容	考核要求	配分	评分标准	得分
阳台照明电路	人操作开关控制照明灯亮和灭			
主卧照明电路	人操作开关控制休息区照明灯亮和灭； 人操作开关控制走道区照明灯亮和灭； 人操作开关控制卫生间照明灯亮和灭			
插座电路	主卧插座通电正常			
职业素养	学习工作积极主动、准时守纪； 团结协作精神好； 踏实勤奋、严谨求实			

 习题

（1）某单相交流电的最大电压是 $220\sqrt{2}$，请问：有效电压是多大？

（2）某用电设备额定功率是 220W，额定电压是 220V，请问：额定电流是多大？

（3）某交流电的有效电压是 220V，该电压属于_____（特低压、低压还是高压）。

（4）在温度为 25℃ 的环境下采用 BV 绝缘电线明敷在导管内，如果 20A 电流流过 2 芯电缆，那么该电缆的截面积应该至少为_____。

（5）请画出断路器的图形符号。

（6）在环境温度为 30℃ 时，测量长度为 1m 的电缆的电阻值为 100Ω，请问：在 20℃ 时，该电缆的阻值是多大？

电气控制电路的设计与安装

总体学习目标

- 了解三相异步电动机结构和工作原理
- 了解常用低压电器的结构、工作原理及图形符号
- 读懂三相异步电动机控制电路原理图
- 掌握三相异步电动机控制电路的设计与安装

项目描述

在实际生产过程中,常常需要电机实现点动、连续运转或正反转,在各控制场合中,同时需要配备各种低压电器进行工作。

本项目由三个子项目组成,其中包含三相异步电动机点动控制电路安装与检修、三相异步电动机单项连续运行控制电路安装与检修和三相异步电动机双重互锁正反转控制电路安装与检修。

任务1 三相异步电动机点动控制电路

学习目标

- 掌握三相异步电动机的结构及原理
- 掌握低压断路器、熔断器和交流接触器的结构及工作原理
- 掌握三相异步电动机点动控制电路的工作原理图
- 能完成三相异步电动机点动控制线路的设计、安装与调试任务

子任务1 元器件清单的制定

要求:根据三相异步电动机点动控制电路原理图 5.22,在电路接线前正确无误地填写完成元件清单表 5.1。

表 5.1 三相异步电动机点动控制电路元件清单

序号	元件名称	规格或型号	编号或作用	数量	配分	评分标准	得分
1	低压断路器				3	填错规格扣1分，填错编号扣1.5分,填错数量扣0.5分	
2	熔断器				3	填错规格扣1分，填错编号扣1.5分,填错数量扣0.5分	
3	交流接触器				3	填错规格扣1分，填错编号扣1.5分,填错数量扣0.5分	
4	开关				3	填错规格扣1分，填错编号扣1.5分,填错数量扣0.5分	
5	电机				3	填错规格扣1分，填错编号扣1.5分,填错数量扣0.5分	
子任务1得分							

子任务 2 元器件的检测

要求：根据元件清单表,按照电气元器件检验标准,正确检测元器件,把检测结果填入表 5.2。

表 5.2 元器件检测明细表

元器件		识别及检测内容		配分	评分标准	得分
低压断路器		合上开关检测断路器各相是否导通		每支1分共计3分	错1项,扣相应项的分数	
	第一相					
	第二相					
	第三相					
熔断器		检测熔断器是否导通		每支1分共计2分	错1项,扣相应项的分数	
	FU1					
	FU2					
交流接触器		检测各相是否导通	常闭常开触头是否正常	每支1分共计5分	错1项,扣相应项的分数	
	第一相		常开触头			
	第二相		常闭触头			
	第三相					
开关		检测常开触头是否正常		每支1分共计1分	错1项,扣相应项的分数	
	SB1					
电机		各相电阻(R/Ω)	两相之间的电阻(R/Ω)	每支1分共计6分	错1项,扣相应项的分数	
	L1		L1 与 L2			
	L2		L2 与 L3			
	L3		L1 与 L3			
子任务2得分						

子任务 3　点动控制电路的设计、安装与调试

根据三相异步电动机点动控制电路原理图 5.22 进行电路接线,完成点动控制电路的设计、安装与调试。接线完成后,仔细检查电路的接线情况,确保各端子接线牢固。对照表 5.3 任务内容、考核要求进行检查。

表 5.3　点动控制电路任务评价表

内容	考核要求	配分	评分标准	得分
安全操作	是否遵守安全操作规程,团队合作融洽	10 分	一处不合格扣 2 分	
安装电路	电路的布线符合工艺标准	10 分	一处不合格扣 2 分	
	根据电路图能完整正确的安装	20 分		
调试	根据电路的故障现象能够正确分析判断出故障点并排除故障	20 分	一处不合格扣 2 分	
操作演示	能够正确操作演示实现点动控制,电路分析正确	10 分	一处不合格扣 2 分	
子任务 3 得分				

知识链接

1. 内容提示

为保证人身安全,在通电试运转时,要认真执行安全操作规程的有关规定,一人监护,另一人操作。试运转前,应检查与通电试运转有关的电气设备是否有不安全的因素存在,若查出应立即整改后,方能试运转。

通电试运转前,必须征得指导老师的同意,并由指导老师接通三相电源 L1、L2、L3,同时在现场监护。学生合上电源开关 QS 后,用测电笔检查熔断器或开关出线端,氖管亮说明电源接通。观察电气元件的动作是否灵活,有无卡阻及噪声过大等现象,电动机运行情况是否正常等;但不得对线路接线是否正确接线带电检查。观察过程中,若发现有异常现象,应立即停机。当电动机运转平稳后,用钳形电流表测量实训电流是否平衡。

试运转次数自通电后第一次合上开关起计算。

出现故障后,学生应独立进行检修。若需要带电检查,指导老师必须在现场监护。检修完毕后,如需要再次试运转,指导老师也应该在现场监护,并做好时间记录。

通电试运转完毕后,停转并切断电源。先拆除三相电源线,再拆除电动机线。

2. 电气故障检修的一般步骤和方法

1)检修步骤

(1)检修前的故障调查。当电气设备发生故障后,切忌盲目动手检修。在检修前,通过问、看、听、摸、闻来了解故障前后的操作情况和故障发生后出现的异常现象,以便根据故障现象判断出故障发生的部位,进而准确地排除故障。

(2)确定故障范围。对于简单的线路。可采取每个电气元件、每根连接导线逐一检查的方法找到故障点;对于复杂的线路,应根据电气设备的工作原理和故障现象,采用逻辑分

析法结合外观检查法、通电实验法等来确定故障可能发生的范围。

（3）查找故障点。选择合适的检修方法查找故障点。常用的检修方法有直观法、电压测量法、电阻测量法、短接法、试灯法、波形测试法等。查找故障必须在确定的故障范围内，顺着检修思路逐点检查，直到找出故障点。

（4）排除故障。针对不同的故障情况和部位采取正确的方法修复故障。更换新元件时要注意尽量使用相同规格、型号，并进行性能检测，确认性能完好后方可替换。在故障排除中还要注意周围的元件、导线等，不可再扩大故障。

（5）通电试车。故障修复后，应重新通电试车检查生产机械的各项操作，检查是否符合各项技术要求。

2）查找故障点的常用方法

检修过程的重点是判断故障范围和确定故障点。测量法是维修电工在工作中用来准确确定故障点的一种行之有效的检查方法。常用的测量工具和仪表有校验灯、测电笔、万用表、钳形电流表、兆欧表等，通过对电路进行带电或断电时的有关参数如电压、电阻、电流等的测量，来判断电器元件的好坏、设备的绝缘情况及线路的通断情况等。详见表 5.4。

表 5.4　点动正转控制线路常见故障及维修方法

常见故障	故障原因	维修方法
电动机不能启动	熔断器熔体熔断	查明原因排除后更换熔体
电动机缺相	组合开关或断路器操作失控、负荷开关或组合开关动、静触头接触不良	拆装组合开关或断路器并修复；对触头进行修整
按下 SB，KM 不吸合	触头接触不良	检查 KM、QF 的触头或更换

3. 三相异步电动机

三相异步电动机是指供电为三相交流电源，转子转速与旋转磁场转速不相等的电动机。其特点是结构简单、制造方便、价格低廉、运行可靠，因而在工农业生产及交通运输中得到了广泛的应用，在各种电力拖动装置中，三相异步电动机占 90% 左右。

1）三相异步电动机的基本结构

三相异步电动机是由定子和转子两个主要部分组成。定子为固定不动的部分，转子为转动的部分，如图 5.1 所示。

（1）定子。定子主要由定子铁芯、定子绕组和机座等组成。

定子铁芯是电动机主磁路的一部分，因此要有良好的导磁性能。为了减小交变磁场在铁芯中引起的铁芯损耗，一般采用 0.5mm 厚且两面涂有绝缘漆的硅钢冲片叠成圆筒形，并压装在机座内。在定子铁芯内圆上冲有均匀分布的槽，用于嵌放三相定子绕组。

定子绕组是电动机的定子电路部分，将通过三相交流电流建立旋转磁场。定子绕组由绝缘漆包铜线制作，且按照一定的规律嵌放在定子槽内，组成一个在空间依次相差 120° 电角度的三相对称绕组，其首端分别为 U_1、V_1、W_1，末端分别为 U_2、V_2、W_2，并从接线盒内引出，根据需要它们可接成星形或三角形，如图 5.2 所示。

机座主要用于固定和支撑定子铁芯及固定端盖，并通过两侧端盖和轴承支撑转轴。一

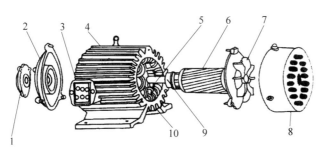

图 5.1　三相笼型异步电动机

1—轴承盖；2—端盖；3—接线盒；4—散热筋；5—转轴；

6—转子；7—风扇；8—罩壳；9—轴承；10—机座

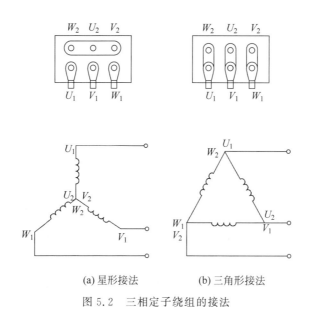

(a) 星形接法　　　(b) 三角形接法

图 5.2　三相定子绕组的接法

般由铸铁或铸钢板焊制而成。它的外表面有散热筋,以增加散热面积。

（2）转子。转子主要由转子铁芯、转子绕组和转轴等部分组成。

转子铁芯也是电动机主磁路的一部分,也用 0.5mm 厚且相互绝缘的硅钢片叠压成圆柱体,中间压装转轴,外圆上冲有均匀分布的槽孔,用以放置转子绕组。

转轴用来支撑转子铁芯和输出电动机的机械转矩。

转子绕组是电动机的转子电路部分,其作用是感应电动势、流过电流并产生电磁转矩。按其结构形式的不同可分为笼型转子和绕线转子。

笼型转子是在转子铁芯的每个槽内放入一根导体,并在伸出铁芯的两端分别用两个导电环把所有导体短接起来,形成一个自行闭合的短路绕组。若去掉铁芯,剩下来的绕组形状就像一个松鼠笼子,所以称之为笼型转子。中小型三相异步电动机的笼型转子一般采用铸铝,将导条、端环和风叶一次铸出。

绕线转子绕组与定子绕组一样,也是一个三相对称绕组。它嵌放在转子铁芯槽内,并接成星形,其三个引出端分别接到固定在转轴上的三个铜制集电环上,再通过压在集电环上的三个电刷与外电路接通。绕线转子可通过集电玉环与电刷在转子回路外串附加电阻或其他控制装置,以便改善三相异步电动机的启动性能和调速性能。

2)三相异步电动机的基本工作原理

三相异步电动机是依靠定子绕组所产生的旋转磁场来工作的,因此先讨论旋转磁场是怎样产生的。

图 5.3(a)为三相异步电动机两极定子绕组示意图,三相绕组 U_1U_2、V_1V_2、W_1W_2 在定子中空间位置上依次相差 120°,若接成星形接法,即首端 U_1、V_1、W_1 与三相电源相连,末端 U_2、V_2、W_2 接在一起,如图 5.3(b)所示,则在三相定子绕组中有三相对称交流电流 i_U、i_v、i_w 流过,其波形如图 5.4 所示。

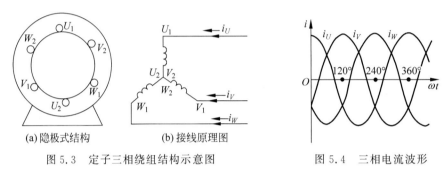

(a)隐极式结构　　　　(b)接线原理图

图 5.3　定子三相绕组结构示意图　　　　图 5.4　三相电流波形

4.三相电流波形

现规定:电流为正时,电流从线圈首端流进,末端流出;电流为负时,电流从线圈末端流进,首端流出。在表示线圈导线的小圆圈内,用"×"表示电流流入,用"."表示电流流出。

下面通过几个特定时刻来分析定子绕组所产生的合成磁场是怎样变化的。

当 $\omega t = 0°$ 时,$i_U = I_m$,电流从 U_1 流进,以"×"表示,从 U_2 流出,以"."表示;$i_v = i_w = -I_m/2$,电流分别从 V_2、W_2 流进,以"×"表示,从 V_1、W_1 流出,以"."表示。根据右手螺旋定则,可判断出该时刻的合成磁场如图 5.5(a)所示。

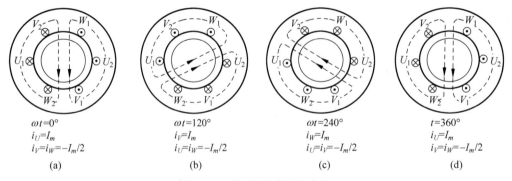

$\omega t = 0°$	$\omega t = 120°$	$\omega t = 240°$	$t = 360°$
$i_U = I_m$	$i_V = I_m$	$i_W = I_m$	$i_U = I_m$
$i_V = i_W = -I_m/2$	$i_U = i_W = -I_m/2$	$i_U = i_V = -I_m/2$	$i_V = i_W = -I_m/2$
(a)	(b)	(c)	(d)

图 5.5　两极旋转磁场示意图

用同样的方法可判断出 $\omega t = 120°$、$\omega t = 240°$、$\omega t = 360°$ 几个时刻的三相合成磁场方向分别如图 5.5(b)(c)(d)所示。

比较图 5.5 中的四个时刻,可以看出三相合成磁场具有以下特点:

(1)定子三相绕组的合成磁场为旋转磁场。

（2）合成磁场的方向总是与电流达到最大值的那一相绕组的轴线方向一致。因此,在三相绕组空间排序不变的条件下,旋转磁场的转向决定于三相电流的相序。若要改变旋转磁场转向,只需将三相电源进线中的任意两相对调即可。

（3）对于两极(即磁极对数 $p=1$)电动机,交流电变化一周期,旋转磁场恰好在空间转过 360(即一转),若交流电每秒钟变化 f_1 周期,则旋转磁场每秒钟 f_1 转,每分钟 $60f_1$ 转,即旋转磁场转速

$$n_1 = 60f_1$$

对于四极($p=2$)电动机,当给三相绕组通入三相对称电流时,通过同样的分析方法可得旋转磁场的转速将减小一半,即

$$n_1 = \frac{60f_1}{2}$$

由此推断,对于 p 对磁极电动机,旋转磁场的转速

$$n_1 = \frac{60f_1}{p}$$

式中, n_1 是旋转磁场转速,亦称同步转速(r/min); f_1 是电源频率(Hz); p 是磁极对数。

由此可知,旋转磁场的转速与交流电的频率成正比,与磁极对数成反比。

5. 旋转原理

当定子绕组接通三相电源后,则在定子、转子及其气隙间产生转速为 n_1 的旋转磁场(假设按顺时针方向旋转)。这时,旋转磁场与转子导体间就有了相对运动,使得转子导体能够切割磁力线,从而在转子导体中产生感应电动势。其方向可根据右手定则判断出,如图 5.6 所示。由于转子导体自成闭合回路,因此在感应电动势的作用下,转子导体内便有了感应电流。感应电流又与旋转磁场相互作用而产生电磁力,其方向可根据左手定则判断,如图 5.6 所示,这些电磁力对转子形成电磁转矩。从图 5.6 可以看出,电磁转矩方向与旋转磁场的转向一致,这样转子就会顺着旋转磁场的转向旋转起来。由此看来,转子的转向总是和旋转磁场的转向一致。若改变旋转磁场的转向,则可改变转子的转向。

旋转磁场的同步转速 n_1 与转子转速 n 之差称为转差。转差与同步转速 n_1 之比称为转差率,用 s 表示,即

$$s = \frac{n_1 - n}{n_1}$$

转差率 s 是三相异步电动机的一个重要参数,它对电动机的运行有着极大的影响,其大小也能反映转子转速,即

$$n_1 = n_1(1-s)$$

电动机启动瞬间,转子转速 $n=0$,转差率 $s=1$;理想空载时,转子转速 $n=n_1$,转差率 $s=0$。因此,电动机在电动状态下运行时,转差率 $s=0\sim1$。

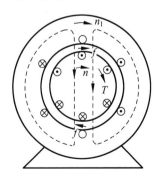

图 5.6　三相异步电动机旋转原理图

通常电动机在额定状态下运行时,其额定转速接近同步转速 n_1,额定转差率 $s_N = 0.02\sim0.07$。

6.三相电动机铭牌数据

在三相异步电动机的机座上均装有一块铭牌(图5.7),铭牌上标出了该电动机的主要技术数据,供正确使用电动机时参考。

图5.7　某电动机铭牌

1)型号

例如:

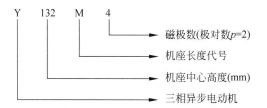

2)额定值

(1)额定功率 P_N(kW):指电动机在额定工作状态下运行时,轴上输出的机械功率。

(2)额定电压 U_N(kV 或 V):指电动机在额定状态下运行时,定子绕组所加的线电压。

(3)额定电流 I_N(A):指电动机在加额定电压、输出额定功率时,流入定子绕组的线电流。

(4)额定功率与其他额定值之间的关系

$$P_N = \sqrt{3}\, P U_N I_N \eta_N \cos\varphi_N$$

式中,η_N 为额定效率;$\cos\varphi_N$ 为额定功率因数。

(5)额定转速 n(r/min):指电动机在额定状态下运行时的转速。

(6)额定频率大(Hz):指电动机所接交流电源的频率。我国电网的频率规定为50Hz。

接法(△)表示在额定电压下,定子绕组应采用的联结方法。Y 系列电动机,4kW 以上者均采用三角形接法。

(7)工作方式有三种工作方式。

S1 表示连续工作方式;

S2 表示短时间工作方式;

S3 表示断续工作方式。

(8)绝缘等级根据绝缘材料允许的最高温度,绝缘等级分为 Y、A、E、B、F、H、C 级,见表5.5,Y 系列电动机多采用 E、B 级绝缘。

表 5.5　绝热材料耐热等级

等级	Y	A	E	B	F	H	C
最高允许温度/℃	90	105	120	130	135	180	>180

7. 常见低压电器

1）低压开关

低压开关主要用于电路的隔离、转换、接通和断开,有时也用来控制小容量电动机的启动、停止和反转。低压电器一般为非自动切换电器,常用的有刀开关、转换开关和低压断路器。

2）刀开关(QS)

刀开关俗称刀闸开关或刀闸,是一种最常用的手动电器,其结构如图5.8所示,由安装装在瓷质底板上的刀片(动触头)、刀座(静触头)和胶木盖构成。刀开关可分为单极、双极和三极几种,并且双极和三极均配有熔断器。

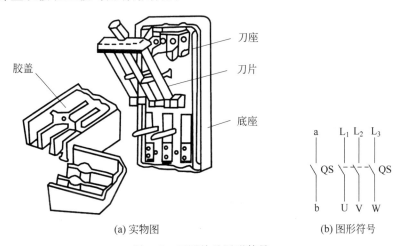

(a) 实物图　　　　　　　(b) 图形符号

图 5.8　刀开关及图形符号

刀开关主要用于不频繁地接通与断开的交直流电源电路,通常只作隔离开关用,也可用于小容量三相异步电动机的直接启动。使用刀开关切断电流时,在刀片与刀座分开时会产生电弧,特别是切断较大电流时,电弧持续不易熄灭。因此,选用刀开关时,一定要根据电源的负载情况确定其额定电压和额定电流。

3）低压断路器

(1) 低压断路器的作用。低压断路器又称为自动空气开关或自动空气断路器,简称断路器。它集控制和多种保护功能于一体,在线路工作正常时,它作为电源开关接通和分断电路;当电路中发生短路、过载和失压等故障时,它能自动跳闸切断故障电路,从而保护线路和电气设备。

低压断路器具有操作安全、安装使用方便、工作可靠、动作值可调、分断能力较高、兼作多种保护、动作后不需要更换元件等优点,因此得到了广泛应用。

(2) 低压断路器的分类。低压断路器按结构形式可分为塑壳式(又称装置式)、万能式(又称框架式)、限流式、直流快速式、灭磁式和漏电保护式等六类;按操作方式可分为人力操作式、动力操作式和储能操作式；按极数可分为单极、二极、三极和四极式；按安装方式又可分为固定式、插入式和抽屉式；按断路器在电路中的用途可分为配电用断路器、电动机保护用断路器和其他负载(如照明)用断路器等。

通常按结构型式分类，几种塑壳式和万能式低压断路器的外形如图 5.9 所示。在电力系统中常用的是 DZ 系列塑壳式低压断路器，下面以 DZ5-20 型低压断路器为例介绍。

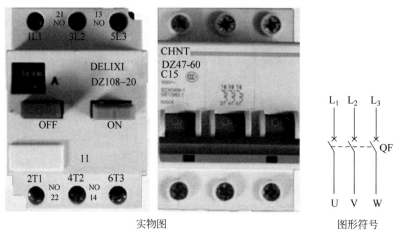

实物图   图形符号

图 5.9   低压断路器

(3) 低压断路器的结构及原理。DZ5 系列低压断路器的结构如图 5.10 所示，它由触头系统、灭弧装置、操作机构、热脱扣器、电磁脱扣器及绝缘外壳等部分组成。

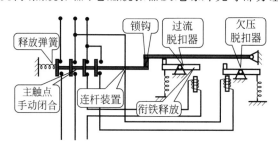

图 5.10   低压断路器的结构

DZ5 系列低压断路器有三对主触头、一对常开辅助触头和一对常闭辅助触头。使用时三对主触头串联在被控制的三相电路中，用以接通和分断主回路的大电流。按下绿色"合"按钮时接通电路；按下红色"分"按钮时切断电路。当电路出现短路、过载等故障时，断路器会自动跳闸切断电路。

断路器的热脱扣器用于过载保护，整定电流的大小由电流调节装置调节。

电磁脱扣器用作短路保护，瞬时脱扣整定电流的大小由电流调节装置调节。出厂时，电磁脱扣器的瞬时脱扣整定电流一般整定为 $10I_N$(I_N 为断路器的额定电流)。

欠压脱扣器用作零压和欠压保护。具有欠压脱扣器的断路器，在欠压脱扣器两端无电压或电压过低时不能接通电路。

DZ5 系列低压断路器适用于交流频率为 50Hz、额定电压为 380V、额定电流为 50A 的电路。保护电动机用断路器用于电动机的短路和过载保护；配电用断路器在配电网络中用来分配电能和对线路及电源设备的短路和过载保护之用。在使用不频繁的情况下,两者也可分别用于电动机的启动和线路的转换。

（4）低压断路器的选用。低压断路器的选用原则如下:

① 低压断路器的额定电压和额定电流应不小于线路、设备的正常工作电压和工作电流。

② 热脱扣器的整定电流应等于所控制负载的额定电流。

③ 电磁脱扣器的瞬时脱扣整定电流应大于负载电路正常工作时的峰值电流,用于控制电动机的断路器,其瞬时脱扣整定电流可按下式选取:

$$I_Z \geqslant KI_{st}$$

式中,K 为安全系数,可取值 $1.5\sim1.7$。

I_{st} 为电动机的启动电流。

④ 欠压脱扣器的额定电压应等于线路的额定电压。

⑤ 断路器的极限通断能力应不小于电路的最大短路电流。

（5）低压断路器的安装与使用。

① 低压断路器应垂直安装,电源线接在上端,负载线接在下端。

② 低压断路器用作电源总开关或电动机的控制开关时,在电源进线侧必须加装刀开关或熔断器等,以形成明显的断开点。

③ 低压断路器使用前应将脱扣器工作面上的防锈油脂擦净,以免影响其正常工作。同时应定期检修,清除断路器上的积尘,给操作机构添加润滑剂。

④ 各脱扣器的动作值调整好后,不允许随意变动,并应定期检查各脱扣器的动作值是否满足要求。

⑤ 断路器的触头使用一定次数或分断短路电流后,应及时检查触头系统,如果触头表面有毛刺、颗粒等,应及时维修或更换。

4）主令电器

主令电器包括按钮和行程开关,是自动控制系统中发出指令或信号的操纵电器。

（1）按钮。按钮是一种手动主令电器,按钮内的动合(常开)触头用来接通控制电路,发出"启动"指令;动断(常闭)触头用来断开控制电路,发出"停止"指令。但它触点面积小,不能用来控制大电流的主电路,其额定电流不能超过5A,只能短时接通和分断小电流的控制电路。

按钮一般由按钮帽、复位弹簧、桥式动触头、静触头、支柱连杆及外壳组成。最常见的按钮是复合式的,包括一个动合触头和一个动断触头,其外形、结构和符号如图 5.11 和图 5.12 所示。

常开按钮在常态下触头是断开的,当按下按钮帽时,触头闭合,松开后,按钮在复位弹簧的作用下自动复位。

常闭按钮在常态下触头是闭合的,当按下按钮帽时,触头断开,松开后,按钮在复位弹簧的作用下自动复位。

复合按钮是将常开和常闭按钮组合为一体,当按下复合按钮时,常闭触头先断,常开触头后闭合。松开按钮,在复位弹簧的作用下按钮复原,复原过程中常开触头先恢复断开,常闭触头后恢复闭合。

按钮帽上有颜色之分,规定红色的按钮帽做停止使用,绿色、黑色等做启动使用。

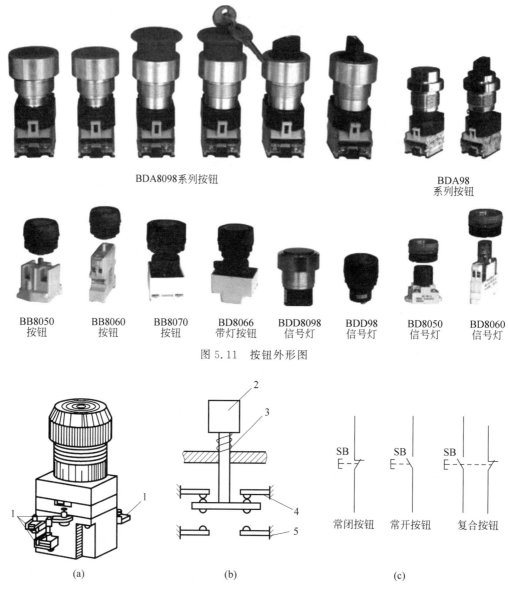

BDA8098系列按钮　　　　　　　　　　　　　BDA98
系列按钮

BB8050　BB8060　BB8070　BD8066　BDD8098　BDD98　BD8050　BD8060
按钮　　按钮　　按钮　　带灯按钮　信号灯　　信号灯　信号灯　信号灯

图 5.11　按钮外形图

(a)　　　　　　　　　　(b)　　　　　　　　　　(c)

常闭按钮　　常开按钮　　复合按钮

图 5.12　按钮的机构及符号

(1—接线柱；2—按钮帽；3—复位弹簧；4—常闭触头；5—常开触头)

(2) 行程开关(SQ)。行程开关也是主令开关的一种,通常行程开关用来限制机械运动的位置或行程,使运动机械按一定的位置或行程实现自动停止、反向运动、变速运动或自动往返运动等。图 5.13 所示为各类行程开关的外形图。

行程开关的结构及符号如图 5.14 所示,其工作原理如下:

当运动机械的挡铁压到滚轮上时,杠杆连同转轴一起转动,并推动撞块,当撞块被压到一定位置时,推动微动开关动作,使常开触头分断,常闭触头闭合,当运动机械的挡铁离开后,复位弹簧使行程开关各部位部件恢复常态。

5) 交流接触器(KM)

低压开关和按钮的触头动作都是通过手动操作的,属于非自动切换电器。而接触器是

(a) 按钮式　　　　(b) 单轮旋转式　　　　(c) 双轮旋转式

图 5.13　系列行程开关外形图

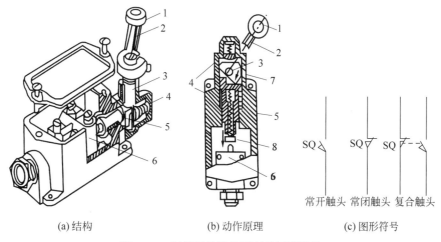

(a) 结构　　　　　　(b) 动作原理　　　　　(c) 图形符号

图 5.14　行程开关结构原理及图形符号

1—滚轮；2—杠杆；3—转轴；4—复位弹簧；5—撞块；6—微动开关；7—凸轮

通过电磁力作用下的吸合和反作用弹簧力作用下的释放,带动其触头闭合和分断,来实现电路的接通和断开控制,属于自动切换电器。图 5.15 所示为几款常用交流接触器的外形。

图 5.15　常用交流接触器

接触器实际上是一种自动的电磁式开关。触头的通断不是由手来控制,而是电动操作。电动机通过接触器主触头接入电源,接触器线圈与启动按钮串接后接入电源。按下启动按钮,线圈得电使静铁芯被磁化,产生电磁吸力,吸引动铁芯带动主触头闭合接通电路；松开启动按钮,线圈失电,电磁吸力消失,动铁芯在反作用弹簧的作用下释放,带动主触头复位切断电路。交流接触结构及图形符号如图 5.16 所示。

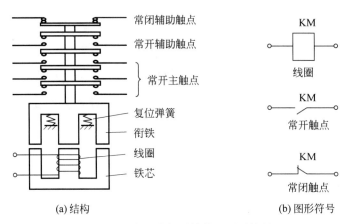

(a)结构　　　　　　　　(b)图形符号

图 5.16　交流接触器结构及图形符号

　　接触器的优点是能实现远距离自动操作,具有欠压和失压自动释放保护功能,工作可靠,操作频率高,使用寿命长,适用于远距离频繁地接通和断开交、直流主电路及大容量的控制电路,其主要控制对象是电动机,也可以用于控制电热设备、电焊机以及电容器组等其他负载,在电力拖动和自动控制系统中得到了广泛的应用。

　　接触器按主触头通过电流的种类,分为交流接触器和直流接触器两类。

　　交流接触器的种类很多,空气电磁式交流接触器的应用最为广泛,其产品系列、品种最多,结构和工作原理基本相同。常用的有国产的 CJ10(CT1)、CJ20 和 CJ40 等系列,引进国外先进技术生产的 CJX1 (3TB 和 3TF)系列、CJX8(B)系列、CJX2 系列等。

　　(1) CJ10 系列交流接触器。该交流接触器主要有电磁系统、触头系统、灭弧装置和辅助部分等组成。

　　电磁系统主要由线圈、静铁芯和动铁芯(衔铁)三部分组成。静铁芯在下动铁芯在上,线圈装在静铁芯上。铁芯是交流接触器发热的主要部件,静、动铁芯一般用 E 形硅钢片叠压而成,以减少铁芯的磁滞和涡流损耗,避免铁芯过热。此外,在 E 形铁芯的中柱端面留有 0.1~0.2mm 的气隙,以减小剩磁影响,避免线圈断电后衔铁粘住不能释放。铁芯的两个端面上嵌有短路环,如图 5.17 所示,用以消除电磁系统的振动和噪声。线圈做成粗而短的圆筒形,且在线圈和铁芯之间留有空隙,以增强铁芯的散热效果。

图 5.17　交流接触器铁芯的短路环

　　交流接触器利用电磁系统中线圈的通电或断电,使静铁芯吸合或释放衔铁,从而带动动触头与静触头闭合或分断,实现电路的接通或断开。

　　CJ10 系列交流接触器的衔铁运动方式有两种,对于额定电流为 40A 及以下的接触器,采用衔铁直线运动的螺管式,如图 5.18(a)所示;对于额定电流为 60A 及以上的接触器,采用衔铁绕轴转动的拍合式,如图 5.18(b)所示。

　　交流接触器的触头按通断能力可分为主触头和辅助触头,主触头用于通断电流较大的主电路,一般由三对常开触头组成。辅助触头用于通断电流较小的控制电路,一般由两对常开触头和两对常闭触头组成。所谓触头的常开和常闭,是指电磁系统未通电动作前触头的状态。常开触头和常闭触头是联动的。当线圈通电时,常闭触头先断开,常开触头随后闭

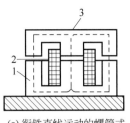　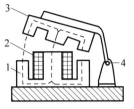

(a) 衔铁直线运动的螺管式　　(b) 衔铁绕轴转动的拍合式

图 5.18　交流接触器电磁系统结构图

合,中间有一个很短的时间差。当线圈断电后,常开触头先恢复断开,随后常闭触头恢复闭合,中间也存在一个很短的时间差。这个时间差虽短,但对分析线路的控制原理却很重要。

交流接触器的触头按接触情况可分为点接触式、线接触式和面接触式三种;按触头的结构形式可分为桥式触头和指形触头两种。CJ10 系列交流接触器的触头一般采用双断点桥式触头,其动触头用紫铜片冲压而成,在触头桥的两端镶有银基合金制成的触头块,以避免接触点由于产生氧化铜而影响其导电性能。静触头一般用黄铜板冲压而成,一端镶焊触头块,另一端为接线柱。在触头上装有压力弹簧片,用于减小接触电阻,以及消除开始接触时产生的有害振动。

灭弧系统:交流接触器在断开大电流或高电压电路时,会在动、静触头之间产生很强的电弧。电弧是触头间气体在强电场作用下产生的放电现象,它一方面会灼伤触头,减少触头的使用寿命;另一方面会使电路切断时间延长,甚至造成弧光短路或引起火灾事故。因此触头间的电弧应尽快熄灭。

灭弧装置的作用是熄灭触头分断时产生的电弧,以减轻对触头的灼伤,保证可靠地分断电路。交流接触器常采用的灭弧装置有双断口结构的电动力灭弧装置、纵缝灭弧装置和栅片灭弧装置,如图 5.19 所示。对于容量较小的交流接触器,如 CJ10-10 型,一般采用双断口结构的电动力灭弧装置;CJ10 系列交流接触器额定电流在 20A 及以上,常采用纵缝灭弧装置;对于容量较大的交流接触器,多采用栅片灭弧装置。

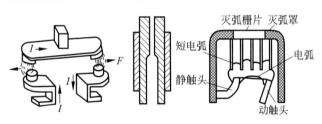

图 5.19　常用的灭弧装置

辅助部件:交流接触器的辅助部件有反作用弹簧、缓冲弹簧、触头压力弹簧、传动机构及底座、接线柱等,反作用弹簧安装在衔铁和线圈之间,其作用是线圈断电后,推动衔铁释放,带动触头复位;缓冲弹簧安装在静铁芯和线圈之间,其作用是缓冲衔铁在吸合时对静铁芯和外壳的冲击力,保护外壳;触头压力弹簧安装在动触头上面,其作用是增加动、静触头间的压力,从而增大接触面积,以减少接触电阻,防止触头过热损伤;传动机构的作用是在衔铁或反作用弹簧的作用下,带动动触头实现与静触头的接通或分断。

(2) 交流接触器的工作原理。当接触器的线圈通电后,线圈中的电流产生磁场,使静铁芯磁化产生足够大的电磁吸力,克服反作用弹簧的反作用力,将衔铁吸合,衔铁通过传动机构带动辅助常闭触头先分断、三对常开主触头和辅助常开触头后闭合;当接触器线圈断电或电压显著下降时,由于铁芯的电磁吸力消失或过小,衔铁在反作用弹簧力的作用下复位,并带动各触头恢复到原始状态。

6) 低压熔断器

熔断器在配电系统和用电设备中主要起短路保护作用。使用时,熔断器串接在被保护的电路中。因为熔断器具有结构简单、使用方便、价格低廉及可靠性高等优点,所以应用极为广泛。

熔断器按结构的不同可分为开启式熔断器、半封闭式熔断器和封闭式熔断器。封闭式熔断器又分为有填料封闭管式熔断器、无填料封闭管式熔断器和有填料螺旋式熔断器等。常用的熔断器有瓷插式熔断器、有填料螺旋式熔断器、无填料封闭管式熔断器和快速熔断器等。

(1) 熔断器的结构及工作原理。熔断器主要由熔体、熔管和绝缘底座组成。熔体是用低熔点的金属丝或金属薄片做成的。熔体基本上分为两类:一类由铅、锌、锡及锡铅合金等低熔点金属制成,主要用于小电流电路;另一类由银或铜等较高熔点的金属制成,用于大电流电路。

熔断器的工作原理是以自身产生的热量使熔体熔化而实现自动分断电路的目的。熔断器接入电路,实际上是将熔体串接在被测电路中,用来检测电路中电流的大小。在电路正常工作时,它相当于一根导线。当电路发生短路或过载时,流过熔体的电流大于规定值,熔体产生的热量使其自身熔化而切断电路。图 5.20(a)所示是 RL6 系列螺旋式低压熔断器的外形图,图 5.20(b)所示是熔断器在电路图中的符号。

熔管,内装熔体

熔座

FU

(a) RL6系列螺旋式熔断器　　　　(b) 熔断器符号

图 5.20　低压熔断器

(2) 熔断器的主要技术参数。

额定电压:指熔断器长期工作所能承受的电压。如果熔断器的实际工作电压大于其额定电压,熔体熔断时可能会发生电弧不能熄灭的危险。

额定电流:指保证熔断器能长期正常工作的电流。它由熔断器各部分长期工作时允许的温升决定。

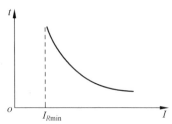

图 5.21　熔断器的时间-电流特性

分断能力:在规定的使用和性能条件及电压下,熔断器能分断的预期分断电流值。常用极限分断电流值来表示。

时间-电流特性:也称为安-秒特性或保护特性,是指在规定的条件下,表示流过熔体的电流与熔体熔断时间的关系曲线,如图 5.21 所示。从特性上可以看出,熔断器的熔断时间随电流的增大而缩短,具有反时限特性。

根据对熔断器的要求,熔体在额定电流 I_{NN} 下不应熔断,所以最小熔化电流 $I_{R\min}$ 必须大于额定电流 I_{NN}。一般熔断器的熔断电流 I_S 与熔断时间 t 的关系见表5.6。

表 5.6 熔断器的熔断电流与熔断时间 t 的关系

熔断电流 I_S(A)	$1.25I_N$	$1.6I_N$	$2.0I_N$	$2.5I_N$	$3.0I_N$	$4.0I_N$	$8.0I_N$	$10.0I_N$
熔断时间 t(s)	∞	3600	40	8	4.5	2.5	1	0.4

由表5.6可以看出,熔断器对过载的反应是很不灵敏的,当电气设备发生轻度过载时,熔断器将持续很长时间才能熔断,有时甚至不熔断。因此,除照明和电加热电路外,熔断器不宜用作过载保护电器,主要用于短路保护。

(3)熔断器的选用。熔断器有不同的类型和规格。对熔断器的要求是:在电气设备正常运行时,熔断器应不熔断;在出现短路故障时,应立即熔断;在电流发生正常变动(如电动机启动过程)时,熔断器应不熔断;在用电设备持续过载时,应延时熔断。

熔断器的选用主要包括熔断器类型、熔断器额定电压、熔断器额定电流和熔体额定电流。

① 熔断器类型的选用。根据使用环境、负载性质和短路电流的大小选用适当类型的熔断器。例如,对于容量较小的照明电路,可选用RT系列圆筒帽形熔断器或RCIA系列瓷插式熔断器;对于短路电流相当大的电路或有易燃气体的环境,应选用RT0系列有填料封闭管式熔断器;在机床控制线路中,多选用RL系列螺旋式熔断器;用于半导体功率元件及晶闸管的保护时,应选用RS或RLS系列快速熔断器。

② 熔断器额定电压和额定电流的选用。

熔断器的额定电压必须等于或大于线路的额定电压;熔断器的额定电流必须等于或大于所装熔体的额定电流;熔断器的分断能力应大于电路中可能出现的最大短路电流。

③ 熔体额定电流的选用。对于照明和电热等电流较平稳、无冲击电流的负载的短路保护,熔体的额定电流应等于或稍大于负载的额定电流。

对于一台不经常启动且启动时间不长的电动机的短路保护,熔体的额定电流 I_{RN} 应大于或等于 $1.5\sim2.5$ 倍电动机额定电流 I_N,即:

$$I_{RN} \geqslant (1.5 \sim 2.5)I_N$$

对于多台电动机的短路保护,熔体的额定电流应大于或等于其中最大容量电动机的额定电流 I_{NMAX} 的 $1.5 \sim 2.5$ 倍,再加上其余电动机额定电流的总和 $\sum I_N$,即:

$$I_{RN} \geqslant (1.5 \sim 2.5)I_{NMAX} + \sum I_N$$

8. 三相异步电动机点动控制电路

用电动机来带动各种生产机械称为电力拖动。为保证生产过程的顺利进行,并达到预期的效果,电力拖动要求对电动机的运行加以各种控制。这些控制都可以通过相应的电路来自动完成。电动机的基本控制有启动控制、正反转控制、制动控制和调速控制等。

三相异步电动机控制电路由主电路和控制电路两部分组成。主电路是电机与电源连接的部分电路,其工作电流大,取决于电机容量;控制电路是控制电器组成的部分电路,其工作电流小。

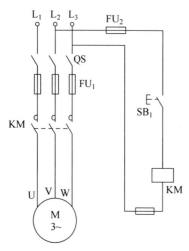

图 5.22　三相异步电动机
点动控制电路

图 5.22 为电动机点动控制电路的原理图,主电路中空气开关 QS 用于电路的通断控制;熔断器 FU₁ 对主电路进行短路保护,主电路的接通与分断是由接触器 KM 的三对主触点完成的。控制电路中熔断器 FU₂ 做短路保护;采用这种控制方式的电动机连续运行时间一般不长,因而也不需要过载保护。

电路的工作原理分析:合上空气开关 QS,按下按钮 SB1,交流接触器 KM 线圈得电,KM 三对主触点闭合,电动机启动运行;松开按钮 SB1,接触器 KM 线圈失电,KM 三对主触点断开,电动机停止运转。

由于采用了接触器控制,达到了以小电流控制大电流的效果,提高了安全性。显然,点动控制不适合电动机和时间连续运行。

任务 2　三相异步电动机单项连续运行控制电路

学习目标

- 掌握热继电器的结构及工作原理
- 掌握三相异步电动机单项连续运行控制电路的工作原理图
- 能完成三相异步电动机单项连续运行控制线路的设计、安装与调试任务

子任务 1　元器件清单的制定

要求:根据图 5.26 三相异步电动机单项连续运行控制电路原理图,在电路接线前正确无误地填写完成元件清单表 5.7。

表 5.7　三相异步电动机单项连续运行控制电路元件清单

序号	元件名称	规格或型号	编号或作用	数量	配分	评分标准	得分
1	低压断路器				3	填错规格扣 1 分, 填错编号扣 1.5 分, 填错数量扣 0.5 分	
2	熔断器				3	填错规格扣 1 分, 填错编号扣 1.5 分, 填错数量扣 0.5 分	
3	交流接触器				3	填错规格扣 1 分, 填错编号扣 1.5 分, 填错数量扣 0.5 分	

续表

序号	元件名称	规格或型号	编号或作用	数量	配分	评分标准	得分
4	开关				3	填错规格扣 1 分， 填错编号扣 1.5 分， 填错数量扣 0.5 分	
5	电机				3	填错规格扣 1 分， 填错编号扣 1.5 分， 填错数量扣 0.5 分	
6	热继电器				3	填错规格扣 1 分， 填错编号扣 1.5 分， 填错数量扣 0.5 分	
子任务 1 得分							

子任务 2　元器件的检测

要求：根据元件清单表，按照电气元器件检验标准，正确检测元器件，把检测结果填入表 5.8 中。

表 5.8　元器件检测明细表

元器件		识别及检测内容			配分	评分标准	得分
低压断路器		合上开关检测断路器各相是否导通			每支 1 分 共计 3 分	错 1 项，扣相应项的分数	
	第一相						
	第二相						
	第三相						
熔断器		检测熔断器是否导通			每支 1 分 共计 2 分	错 1 项，扣相应项的分数	
	FU1						
	FU2						
交流接触器		检测各相是否导通		常闭常开触头是否正常	每支 1 分 共计 5 分	错 1 项，扣相应项的分数	
	第一相		常开触头				
	第二相		常闭触头				
	第三相						
开关		检测开关通断是否正常			每支 1 分 共计 2 分	错 1 项，扣相应项的分数	
	SB1						
	SB2						
电机		各相阻值（R/Ω）		两相之间的电阻（R/Ω）	每支 1 分 共计 6 分	错 1 项，扣相应项的分数	
	L1		L1 与 L2				
	L2		L2 与 L3				
	L3		L1 与 L3				

续表

元器件		识别及检测内容			配分	评分标准	得分
热继电器		检测各相是否导通		常闭常开触头是否正常	每支1分共计5分	错1项,扣相应项的分数	
	第一相		常开触头				
	第二相		常闭触头				
	第三相						
子任务 2 得分							

子任务 3　单项连续运行控制电路的设计、安装与调试

根据三相异步电动机单项连续运行控制电路原理图 5.26 进行电路接线,完成单项连续运行控制电路的设计、安装与调试。接线完成后,仔细检查电路的接线情况,确保各端子接线牢固。对照表 5.9 任务内容、考核要求进行检查。

表 5.9　单项连续运行控制电路任务评价表

内容	考核要求	配分	评分标准	得分
安全操作	是否遵守安全操作规程,团队合作融洽	10 分	一处不合格扣 2 分	
安装电路	电路的布线符合工艺标准	10 分	一处不合格扣 2 分	
	根据电路图能完整正确的安装	20 分		
调试	根据电路的故障现象能够正确分析判断出故障点并排除故障	20 分	一处不合格扣 2 分	
操作演示	能够正确操作演示实现点动控制,电路分析正确	10 分	一处不合格扣 2 分	
子任务 3 得分				

知识链接

1. 内容提示

(1) 为保证人身安全,在通电试运转时,要认真执行安全操作规程的有关规定,一人监护,另一人操作。试运转前,应检查与通电试运转有关的电气设备是否有不安全的因素存在,若查出应立即整改,方能试运转。

(2) 通电试运转前,必须征得指导教师的同意,并由指导教师接通三相电源 L1、L2、L3,同时在现场监护。学生合上电源开关 QS 后,用测电笔检查熔断器或开关出线端,氖管亮说明电源接通。观察电气元件的动作是否灵活,有无卡阻及噪声过大等现象,电动机运行情况是否正常等;但不得对线路接线是否正确接线带电检查。观察过程中,若发现有异常现象,应立即停机。当电动机运转平稳后,用钳形电流表测量实训电流是否平衡。

(3) 试运转次数自通电后第一次合上开关起计算。

(4) 出现故障后,学生应独立进行检修。若需要带电检查,指导教师必须在现场监护。检修完毕后,如需要再次试运转,指导教师也应该在现场监护,并做好时间记录。

（5）通电试运转完毕后，停转并切断电源。先拆除三相电源线，再拆除电动机线。

2．查找故障点的常用方法

检修过程的重点是判断故障范围和确定故障点。测量法是维修电工在工作中用来准确确定故障点的一种行之有效的检查方法。常用的测量工具和仪表有校验灯、测电笔、万用表、钳形电流表、兆欧表等，通过对电路进行带电或断电时的有关参数如电压、电阻、电流等的测量，来判断电器元件的好坏、设备的绝缘情况及线路的通断情况等。

利用电工工具和仪表对线路进行带电或断电测量，常用的方法有电阻测量法。

测量检查时，首先把万用表的转换开关置于倍率适当的电阻挡位上（一般选 R×100 以上的挡位），然后按图 5.23 所示的方法进行测量。

接通电源，若按下启动按钮 SB_1 时，接触器 KM 不吸合，则说明控制电路有故障。

检测时，首先切断电路的电源（这点与电压测量法不同），用万用表依次测量出 1-2、1-3、0-4 各两点间的电阻值。根据测量结果即可找出故障点。

3．热继电器

因为电动机在运行的过程中，如果长期负载过大，或启动操作频繁，或者缺相运行，都可能使电动机定子绕组的电流增大，超过其额定值。而在这种情况下，熔断器往往并不熔断，从而引起定子绕组过热，温度持续升高，就会造成绝缘损坏，缩短电动机的使用寿命，严重时甚至会烧毁电动机的定子绕组。因此，对电动机还必须采取过载保护措施，最常用的过载保护电器是热继电器。

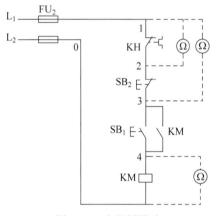

图 5.23　电阻测量法

1）热继电器的功能及分类

热继电器是利用流过继电器的电流所产生的热效应而反时限动作的自动保护电器。所谓反时限动作，是指电器的延时动作时间随通过电路电流的增加而缩短。热继电器主要与接触器配合使用，用作电动机的过载保护、断相保护、电流不平衡运行的保护及其他电气设备发热状态的控制。

热继电器的形式有多种，其中双金属片式应用最多。按极数划分有单极、二极和三极三种，其中三极的又包括带断相保护装置和不带断相保护装置两种；按复位方式分有自动复位式和手动复位式两种。

2）热继电器的结构及工作原理

（1）结构。

如图 5.24 所示为双金属片继电器的结构，主要由热元件、传动机构、常闭触头、电流整定装置和复位按钮组成。热继电器的热元件由双金属片和绕在外面的电阻丝组成。主双金属片由两种热膨胀系数不同的金属片复合而成。热继电器的图形符号如图 5.25 所示。

（2）工作原理。双金属片由两种热膨胀系数不同的金属辗压而成，发热电阻丝绕在双金属片上，当双金属片受热时，就会出现弯曲变形。使用时，把热元件串接于电动机的主电路中，用于检测主电路电流的大小，而将热继电器的常闭触头串接于电动机的控制电路中。

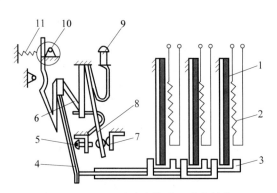

图 5.24　双金属片式热继电器的结构

1—主双金属片；2—热元件；3—导板；4—温度补偿双金属片；5—螺钉；
6—推杆；7—静触头；8—动触头；9—复位按钮；10—调节凸轮；11—弹簧

(a) 热元件　　(b) 常开触头　　(c) 常闭触头

图 5.25　热继电器图形符号

当电动机正常运行时,热元件产生的热量虽能使双金属片弯曲,但还不足以使热继电器的触头动作。当电动机过载,且负载电流超过整定电流值并经过一定时间后,热元件所产生的热量足以使双金属片受热弯曲而推动导板使动触头与静触头分断,热继电器的常闭触头断开,切断了电动机的控制电路,使串接于该电路中的控制电动机起停的接触器线圈失电,接触器的主触头断开电动机的电源,从而保护了电动机。

热继电器动作后一般不能自动复位,要等双金属片冷却后按下复位按钮才能使触头恢复到原来的位置。热继电器动作电流的调节可以借助旋转调节凸轮来实现,旋转调节凸轮可以改变温度补偿双金属片与导板间的距离,进而改变热继电器动作时主双金属片所需弯曲的程度,即改变了热继电器的动作电流。

由于热继电器主双金属片受热膨胀的热惯性及传动机构传递信号的惰性原因,热继电器从电动机过载到触头动作需要一定的时间,也就是说,即使电动机严重过载甚至短路,热继电器也不会瞬时动作,因此热继电器不能用作短路保护。但也正是这个热惯性,保证了热继电器在电动机启动或短时过载时不会动作,从而满足了电动机的运行要求。

3）热继电器的选用

选择热继电器时,主要根据所保护电动机的额定电流来确定热继电器的规格和热元件的电流等级。

（1）根据电动机的额定电流选择热继电器的规格。一般应使热继电器的额定电流略大于电动机的额定电流。

（2）根据需要的整定电流值选择热元件的编号和电流等级。一般情况下,热元件的整定电流为电动机额定电流的 0.95～1.05 倍。

（3）根据电动机定子绕组的连接方式和热继电器的结构型式,即定子绕组做 Y 形连接的电动机选用普通三相结构的热继电器,而做△形连接的电动机应选用三相结构带断相保护装置的热继电器。

某机床电动机的型号为 Y132M1-6,定子绕组为△形接法,额定功率为 4kW,额定电流为 9.4A,额定电压为 380V,要对该电动机进行过载保护,试选用热继电器的型号、规格。

根据电动机的额定电流值 9.4A,查表可知应选择额定电流为 20A 的热继电器,其整定电流可取电动机的额定电流 9.4A,热元件的电流等级选用 11A,其调节范围为 6.8~11A;定子绕组采用△形接法,应选用带断相保护装置的热继电器。因此,应选用型号为 JR36-20 的热继电器,热元件的额定电流选用 11A。

4. 三相异步电动机连续运行控制电路

图 5.26 为三相异步电动机连续运行控制电路的原理图,它是在点动控制电路的基础上增加了停止按钮 SB_2,并且将接触器 KM 的一对辅助常开触点与启动按钮 SB_1 并联,还增加了热继电器作为过载保护。

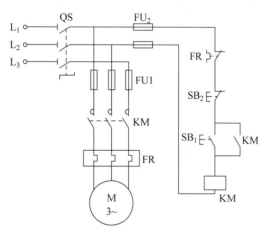

图 5.26　三相异步电动机连续运行控制电路

电路的工作原理分析:合上空气开关 QS,按下启动按钮 SB_1,交流接触器 KM 线圈得电,KM 三对主触点闭合,电动机接通电源直接启动运转;与此同时,与 SB_1 并联的接触器辅助常开触点也闭合。这样,即使松开按钮 SB_1,接触器 KM 线圈仍可通过 KM 触点通电,这就是所谓的自锁,从而保持电动机连续运行。

需要电动机停转时,按下停止按钮 SB_2,接触器 KM 线圈失电,KM 三对主触点断开,电动机停止运转。同时,自锁触点恢复为断开,解除自锁;松开停止按钮后控制电路仍维持断电,除非再次按下启动按钮,电动机是不会自行启动的。

自锁控制电路还具有以下几个方面的保护功能。

1)欠压保护

欠电压是指电路电压低于电动机的额定电压。欠电压的后果是电动机的转矩、转速下降,严重时会导致生产事故和电动机的损坏;自锁控制电路当电源电压降低到一定值(一般为额定电压的 85%)时,接触器的动铁芯会由于电磁力减小而在弹簧反力的作用下释放,从而带动主触头切断电源使电动机停转,达到保护的效果。

2）失压保护

失压保护是指电动机在正常运行中,由于某种原因引起突然断电时能自动切断电动机电源,当重新供电时保证电动机不能自行启动的一种保护,以保证人身和设备的安全。接触器可实现失压保护,因为接触器自锁触点和主触点在电源断电时已经断开,在电源恢复供电时,只要不按动按钮,电动机就不会自行启动。

3）过载保护

过载是指电动机由于机械负载过重或操作频繁,或相断线等原因,使电动机的电流超过额定值,但又未达到熔断器的熔断电流。长时间地过载会导致电动机的绕组过热,损坏电动机的绝缘。采用热继电器可以起到过载保护的作用。它的热元件串联在主电路中,通过的电流就是电动机的电流。当电动机过载超过一定时间,热元件会受热弯曲使接在控制电路的常闭触点断开,使接触器 KM_2 线圈断电,串联在电动机回路中的 KM_3 的主触点断开,电动机停转,从而达到保护电动机的目的。

任务3　三相异步电动机双重互锁正反转控制电路

学习目标

- 掌握三相异步电动机双重互锁正反转控制电路的工作原理图
- 能完成三相异步电动机双重互锁正反转控制电路的设计、安装与调试任务

子任务1　元器件清单的制定

要求：根据图 5.27 三相异步电动机双重互锁正反转控制电路原理,在电路接线前正确无误地填充完成元件清单表 5.10。

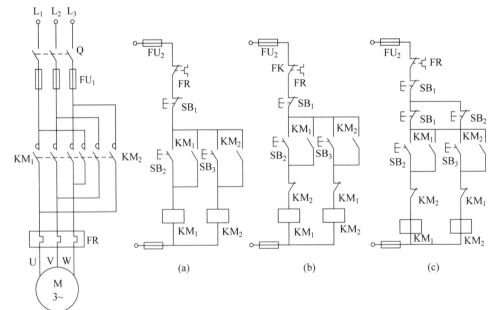

图 5.27　三相异步电动机正反转控制电路

表 5.10　三相异步电动机点动控制电路元件清单

序号	元件名称	规格或型号	编号或作用	数量	配分	评分标准	得分
1	低压断路器				3	填错规格扣1分，填错编号扣1.5分，填错数量扣0.5分	
2	熔断器				3	填错规格扣1分，填错编号扣1.5分，填错数量扣0.5分	
3	交流接触器				3	填错规格扣1分，填错编号扣1.5分，填错数量扣0.5分	
4	开关				3	填错规格扣1分，填错编号扣1.5分，填错数量扣0.5分	
5	电机				3	填错规格扣1分，填错编号扣1.5分，填错数量扣0.5分	
6	热继电器				3	填错规格扣1分，填错编号扣1.5分，填错数量扣0.5分	
子任务1得分							

子任务 2　元器件的检测

要求：根据元件清单表，按照电气元器件检验标准，正确检测元器件，把检测结果填入表 5.11 中。

表 5.11　元器件检测明细表

元器件		识别及检测内容			配分	评分标准	得分
低压断路器		合上开关检测断路器各相是否导通			每支1分 共计3分	错1项，扣相应项的分数	
	第一相						
	第二相						
	第三相						
熔断器		检测熔断器是否导通			每支1分 共计2分	错1项，扣相应项的分数	
	FU1						
	FU2						
交流接触器 KM1		检测各相是否导通		常闭常开触头是否正常	每支1分 共计1分	错1项，扣相应项的分数	
	第一相		常开触头				
	第二相		常闭触头				
	第三相						

续表

元器件	识别及检测内容			配分	评分标准	得分
交流接触器 KM2	检测各相是否导通		常闭常开触头是否正常	每支1分共计1分	错1项,扣相应项的分数	
	第一相	常开触头				
	第二相	常闭触头				
	第三相					
开关	检测开关通断是否正常			每支1分共计2分	错1项,扣相应项的分数	
	SB$_1$					
	SB$_2$					
	SB$_3$					
电机	各相阻值（R/Ω）		两相之间的电阻(R/Ω)	每支1分共计2分	错1项,扣相应项的分数	
	L$_1$		L$_1$ 与 L$_2$			
	L$_2$		L$_2$ 与 L$_3$			
	L$_3$		L$_1$ 与 L$_3$			
热继电器	检测各相是否导通		常闭常开触头是否正常	每支1分共计2分	错1项,扣相应项的分数	
	第一相	常开触头				
	第二相	常闭触头				
	第三相					
子任务2得分						

子任务3　双重互锁正反转控制电路的设计、安装与调试

根据图 5.27 相异步电动机点动控制电路原理图进行电路接线,完成点动控制电路的设计、安装与调试。接线完成后,仔细检查电路的接线情况,确保各端子接线牢固。对照表 5.12 任务内容、考核要求进行检查。

表 5.12　点动控制电路任务评价表

内容	考核要求	配分	评分标准	得分
安全操作	是否遵守安全操作规程,团队合作融洽	10分	一处不合格扣2分	
安装电路	电路的布线符合工艺标准	10分	一处不合格扣2分	
	根据电路图能完整正确的安装	20分		
调试	根据电路的故障现象能够正确分析判断出故障点并排除故障	20分	一处不合格扣2分	
操作演示	能够正确操作演示实现点动控制,电路分析正确	10分	一处不合格扣2分	
子任务3得分				

知识链接

1. 内容提示

(1) 为保证人身安全,在通电试运转时,要认真执行安全操作规程的有关规定,一人监

护,另一人操作。试运转前,应检查与通电试运转有关的电气设备是否有不安全的因素存在,若查出应立即整改,方能试运转。

（2）通电试运转前,必须征得指导教师的同意,并由指导教师接通三相电源 L_1、L_2、L_3,同时在现场监护。学生合上电源开关 QS 后,用测电笔检查熔断器或开关出线端,氖管亮说明电源接通。观察电气元件的动作是否灵活,有无卡阻及噪声过大等现象,电动机运行情况是否正常等;但不得对线路接线是否正确接线带电检查。观察过程中,若发现有异常现象,应立即停机。当电动机运转平稳后,用钳形电流表测量实训电流是否平衡。

（3）试运转次数自通电后第一次合上开关起计算。

（4）出现故障后,学生应独立进行检修。若需要带电检查,指导教师必须在现场监护。检修完毕后,如需要再次试运转,指导教师也应该在现场监护,并做好时间记录。

（5）通电试运转完毕后,停转并切断电源。先拆除三相电源线,再拆除电动机线。

2．故障检修步骤和方法

（1）用试验法来观察故障现象。主要注意观察电动机的运行情况、接触器的动作情况和线路的工作情况等,如发现有异常情况,应马上断电检查。

（2）用逻辑分析法缩小故障范围,并在电路图上用虚线标出故障部位的最小范围。

（3）用测量法准确、迅速地找出故障点。

（4）根据故障点的不同情况,采取正确的修复方法,迅速排除故障。

（5）排除故障后通电试运转。

3．三相异步电动机双重互锁的正反转控制电路

生产机械的运行部件往往要求实现正反两个方向的运动,如机床主轴正转和反转,起重机吊钩的上升与下降,机床工作台的前进与后退等,这就要求拖动电动机实现正反转。由电动机的原理可知,将接至三相异步电动机的三相交流电源进线中的任意两相对调,即可实现三相异步电动机的正反转。

此种电路实质上是一个电动机正转接触器控制电路与一个电动机反转接触器控制电路的组合,但为了避免误操作引起电源的相间短路,在两个单向运行控制电路中设置了必要的互锁。图 5.27 为接触器控制的三相异步电动机正反转控制电路。

图 5.27(a)所示电路是由两个单向旋转控制电路组合而成。主电路由正、反转接触器 KM_1、KM_2 的主触头来实现电动机两相电源的对调,进而实现电动机的正反转。但若发生在按下正转启动按钮 SB_2,电动机已进行正向旋转后,又按下反向启动按钮 SB_3 的情况时,由于正反转接触器 KM_1、KM_2 线圈均通电吸合,其主触头均闭合,将发生电源两相短路,致使熔断器 FU1 熔体烧断,电动机无法工作。

1）电动机"正—停—反"控制电路

图 5.27(b)是利用正反转接触器的常闭辅助触头 KM_1、KM_2 实现互锁的,这种由接触器或继电器常闭触点构成的互锁为电气互锁。在这一电气互锁的电气控制电路中,要实现电动机由正转变反转或由反转变正转,都必须先按下停止按钮,然后再进行反转或正转的启动控制。这就构成了"正—停—反"或"反—停—正"的操作控制。

2) 电动机"正—反—停"控制电路

将正、反转启动按钮的常闭触头串接在反、正转接触器线圈电路中,起互锁作用,这种互锁称按钮互锁,也称机械互锁。图 5.27(c)是具有电气、按钮双重互锁的电动机正反转电路。这种电路,若电动机正转运行需直接转换为反转时,可按下反转启动按钮 SB$_3$,此时反转启动按钮的常闭触头先断开,于是切断了正转接触器线圈电路,正转接触器立即断电释放,使串接在反转接触器电路中的正向接触器常闭辅助触头 KM$_1$ 恢复闭合;进一步按下反转启动按钮,方使其常开触头闭合,于是接通反转接触器线圈电路,反转接触器线圈通电吸合,KM$_2$ 主触头闭合,电动机反向启动旋转,实现了电动机正反转的直接变换;直到电动机须停止时才按下停止按钮 SB$_1$,完成了"正—反—停"的操作控制。这种具有双重互锁的电动机正反转电路在电力拖动控制系统中广为应用。

习题

1. 填空题

(1) 三相异步电机由定子和转子两部分组成,其中定子是电动机的静止部分,由机座、(　　)、(　　)等构成。

(2) 按照电动机铭牌上的说明,可将定子绕组接成(　　)或(　　)。

(3) 熔断器除照明和电加热电路外,熔断器一般不宜用作过载保护电器,主要用于(　　)。

(4) 低压断路器的电磁脱扣器用作短路保护,热脱扣器用于(　　)。

(5) 热继电器的热元件由(　　)和(　　)组成。

(6) 交流接触器电磁系统主要有(　　)、(　　)和动铁芯三部分组成。

2. 选择题

(1) 三相负载星形联接,每相负载承受电源的(　　)。
　　A. 线电压　　　　　　　　　　　　B. 相电压
　　C. 总电压　　　　　　　　　　　　D. 相电压或线电压

(2) 三相对称负载三角形联接时,线电流与相应相电流的相位关系是(　　)。
　　A. 相位差为零　　　　　　　　　　B. 线电流超前相电流 30°
　　C. 相电流超前相应线电流 30°　　　D. 同相位

(3) 线电流是通过(　　)。
　　A. 每相绕组的电流　　　　　　　　B. 相线的电流
　　C. 每相负载的电流　　　　　　　　D. 导线的电流

(4) 下列电器中不能实现短路保护的是(　　)。
　　A. 熔断器　　　　　　　　　　　　B. 热继电器
　　C. 空气开关　　　　　　　　　　　D. 过电流继电器

(5) 变压器的铁芯采用 0.35～0.5mm 厚的硅钢片叠压制造,其主要的目的是为了降低(　　)。
　　A. 铜耗　　　　　　　　　　　　　B. 磁滞损耗

C. 涡流损耗　　　　　　　　　　　D. 磁滞和涡流损耗

(6) 改变交流电动机的运转方向,调整电源采取的方法是(　　)。

A. 调整其中两相的相序　　　　　　B. 调整三相的相序

C. 定子串电阻　　　　　　　　　　D. 转子串电阻

(7) 热继电器中双金属片的弯曲作用是由于双金属片(　　)。

A. 温度效应不同　　　　　　　　　B. 强度不同

C. 膨胀系数不同　　　　　　　　　D. 所受压力不同

(8) 在机床电气控制电路中采用两地分别控制方式,其控制按钮连接的规律是(　　)。

A. 全为串联　　　　　　　　　　　B. 全为并联

C. 启动按钮并联,停止按钮串联　　D. 启动按钮串联,停止按钮并联

(9) 某交流接触器在额定电压380V时的额定工作电流为100A,故它能控制的电机功率约为(　　)。

A. 50kW　　　　　B. 20kW　　　　　C. 100kW　　　　　D. 1000kW

3. 判断题(对的打"√",错的打"×")

(1) 电气原理图设计中,应尽量减少通电电器的数量。(　　)

(2) 低压断路器是开关电器,不具备过载、短路、失压保护。(　　)

(3) 检修电路时,电机不转而发出嗡嗡声,松开时,两相触点有火花,说明电机主电路一相断路。(　　)

(4) 继电器在任何电路中均可代替接触器使用。(　　)

(5) 正在运行的三相异步电动机突然一相断路,电动机会停下来。(　　)

4. 解答题

(1) 交流接触器的结构及工作原理。

(2) 画出双重联锁正反转控制电路图,并分析其工作原理。

项目 6

可调稳压电源电路的
装配与调试

总体学习目标

- 能正确识读电路原理图,分析可调稳压电源电路的工作原理
- 能够掌握二极管的使用方法
- 能够掌握稳压元器件的使用方法
- 能列出电路所需的电子元器件清单
- 能对电子元器件进行识别与检测
- 能正确使用锡焊工具,正确安装可调稳压电源电路
- 能正确使用仪器仪表调试电路
- 能自检、互检,判断产品是否合格
- 能按照生产现场管理标准,进行安全文明生产

项目描述

随着集成电路工艺的高速发展,采用集成稳压器设计稳压电源得到了广泛应用,尤其在实验教学中应用更多。本项目通过使用可调集成稳压芯片、二极管、变压器等元器件完成可调稳压电源电路的装配与调试。可调稳压电源可以有效解决用电设备与日俱增、电力输配设施老化和发展滞后,以及设计不佳和供电不足等原因造成末端用户电压的过低,而线头用户则经常电压偏高等问题,自动调整输出电压适应用电设备,将波动较大和达不到电器设备要求的电源电压稳定在它的设定值范围内。

图 6.1 为可调稳压电源电路的原理框图,电路利用变压器将 220V 的交流电变为低压交流电,低压交流电经整流电路转换为直流电,在整流电路的输出侧接入由储能元件组成的滤波电路,减小电压中的脉动成分,使输出的电压更加平滑。滤波电路的输出端接入稳压电路,使输出电压在电网电压波动或负载变化时基本稳定在某一数值。图 6.2 为可调稳压电源电路原理图。

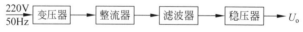

图 6.1　可调稳压电源电路原理框图

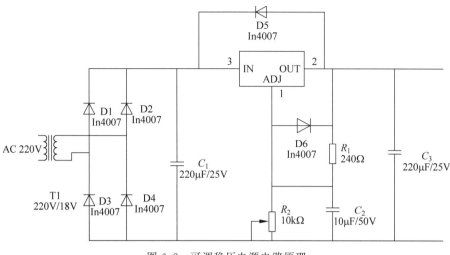

图 6.2 可调稳压电源电路原理

任务 1 可调稳压电源电路的装配

学习目标

- 能按照任务要求完成相关元器件的检测
- 能正确识读装配图
- 能按照锡焊工艺完成可调稳压电源电路的安装
- 能理解可调稳压电源电路的工作原理

子任务 1 元器件清单的制定

要求：根据可调稳压电源电路原理图，在印制电路板焊接和产品安装前，应正确无误地填写完成元器件清单表 6.1。

表 6.1 可调稳压电源电路元器件清单

序号	元件名称	规格或型号	编号或作用	数量	配分	评分标准	得分
1	电阻					规格记录错误，填错编号，该项不得分	
2	电容					规格记录错误，填错编号，该项不得分	
3	稳压芯片					规格记录错误，填错编号，该项不得分	
4	电位器					规格填错，该项不得分	
5	变压器					型号填写错误，该项不得分	
6	二极管					规格记录错误，填错编号，该项不得分	
7	印制电路板					规格记录错误，该项不得分	
子任务 1 得分							

子任务 2　信号发生器与示波器的使用

详细阅读实验室示波器、信号发生器的使用手册,掌握使用方法,利用信号发生器产生频率为 2kHz、幅值为 5V 的正弦波。示波器采集图形,要求经过调试后,示波器显示图像稳定,利用示波器工具可以测量波形频率、幅值,记录波形于图 6.3 中。

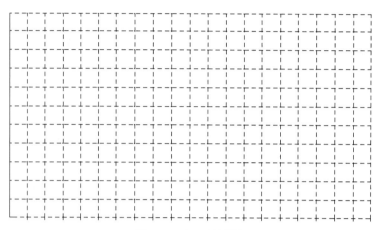

图 6.3　2kHz 波形图

利用信号发生器产生频率为 1.5kHz、幅值为 1.5V 的方波。示波器采集图形,要求经过调试后,示波器显示图像稳定,利用示波器工具可以测量波形频率、幅值,记录波形于图 6.4 中。

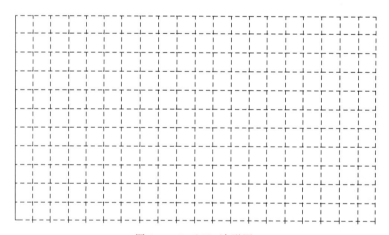

图 6.4　1.5kHz 波形图

子任务 3　元器件的检测

要求:根据元器件清单表,按照电子元器件检验标准,检测元器件,把检测结果填入表 6.2 中。

表 6.2　元器件检测明细表

元器件	识别及检测内容			配分	评分标准	得分
电阻器	标称值(含误差)/	测量值	测量挡位			
电容器	标称值/μf	介质分类	质量判定			
电位器	标称值(调节范围)	测量值	组织是否连续均匀变化,无跳跃或抖动　质量判定			
二极管	画外形示意图标出引脚名称	电路符号	质量判定			
稳压芯片	阻值状态	测量值	质量判断			
1、2引脚阻值						
2、3引脚阻值						
变压器	变压比检测	变压比	质量判断			
子任务2得分						

子任务 4　可调稳压电源电路的装配

根据给出的可调稳压电源电路装配图,将检测好的元器件准确地焊接在提供的印制电路板上。

要求:在印制电路板上所焊接的元器件的焊点大小适中、光滑、圆润、干净、无毛刺,无漏、假、虚、连焊,引脚加工尺寸及成形符合工艺要求;导线长度、剥线头长度符合工艺要求,芯线完好,捻线头镀锡。助听器装配完成后,对照表 6.3 进行简易助听器成品的外观检查。

表 6.3　可调稳压电源电路外观检查表

内容	考核要求	配分	评分标准	得分
元器件	元器件无裂纹、变形、脱漆、损坏;元器件上的标识能清晰辨认			
电路板	无堆锡过多,渗到反面,产生短路现象; 线路板不能出现焊盘脱落; 同一类元件,在印制电路板上高度应一致; 元器件焊接时,注意元器件方向性			

续表

内容	考核要求	配分	评分标准	得分
焊接	不能出现剪坏的焊点； 不能出现错焊、虚焊、脱焊、漏焊、焊锡搭接、焊接点拉尖； 元器件应按照装配图正确安装在焊盘上； 接线牢固、规范			
子任务 3 得分				

任务 2　可调稳压电源电路的调试

学习目标

- 能按照任务要求完成可调稳压电源电路首次通电检测
- 能解说可调稳压电源电路的工作原理
- 能使用万用表和示波器检测可调稳压电源电路

子任务 1　电源波形信号采集

进行本步骤前需再次认真检查电路板有无虚焊或短接位置，检查无误后方可进行以下实验。

将变压器原边电源接入市电，利用示波器测量变压器副边输出电压，输出波形幅值应满足电源设计的技术指标，输出波形平滑，并记录数据于表 6.4 中，波形画在图 6.5 中。

表 6.4　变压器输出电压数据

输出电压峰值/V	输入电压峰值/V	输出电压频率/Hz	变压比

电路接入市电后，将示波器探头接在全桥整流电路输出端。示波器观察整流电路输出电压波形，确保各级最大不失真时描绘波形，波形画在图 6.6 中。

观察图 6.5 和图 6.6 两幅图中的波形规律，归纳整理电路工作原理、工作特点。

子任务 2　电源工作电压输出范围测定

万用表选择合适的直流电压挡位，将其并入可调稳压电源电路输出端，调整电路上的可调电位器，使稳压电源输出一稳定电压，电源电路输出端接不同阻值负载，测量在不同负载时的输出电压变化值于表 6.5 中。

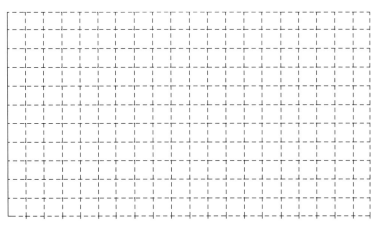

图 6.5　变压器副边波形图

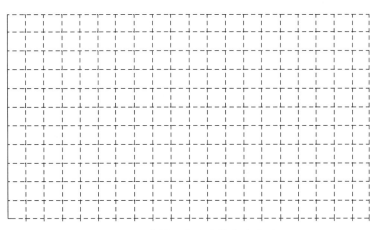

图 6.6　全桥整流电路输出波形图

表 6.5　电压变化值

负载/Ω	电源输出电压/V	负载/Ω	电源输出电压/V	负载/Ω	电源输出电压/V

评价与考核

　　根据子任务 1、子任务 2 与安全文明生产的考核结果,给予综合评价。评价标准见表 6.6。

表 6.6　安全文明生产评价标准

内容	考核要求	配分	评分标准	得分
安全文明生产	严格遵守实习生产操作规程；安全生产无事故	5	违反规程每一项扣 2 分；操作现场不整洁扣 2 分；离开工位扣 2 分	
职业素养	学习工作积极主动、准时守纪；团结协作精神好；踏实勤奋、严谨求实	5		

　　姓名：　　　　学号：　　　　合计得分：

知识链接

　　可调稳压电源实质上是由变压器、整流电路、滤波电路和稳压器几部分组成的，那么它具体是如何实现整流调压功能的呢？下面我们就整流电路、滤波电路和稳压器以及示波器使用等几部分来认识可调稳压电源的工作原理。

1. 信号发生器的使用

　　信号发生器是一种能提供各种频率、波形和输出电平电信号的设备，在生产实践和科技领域中有着广泛的应用。信号发生器能够产生多种波形，在测量各种电信系统或电信设备的振幅特性、频率特性、传输特性及其他电参数，以及测量元器件的特性与参数时，用作测试的信号源或激励源。以 UTG6020B 信号发生器为例，设置输出基本波形操作如下：

　　波形默认配置频率为 1kHz、幅度为 100mV 的正弦波。将频率改为 2.5MHz 的具体步骤如下：

　　（1）依次按 Menu、波形、参数、频率键进入频率设置状态；此时可以通过频率键来切换频率和周期进行参数设置。

　　（2）通过数字键盘输入数字频率 2.5。

　　（3）选择对应单位 MHz。

2. 设置输出幅度

　　波形默认配置幅度为 100mV 的正弦波。将幅度改为 300mV 的具体步骤如下：

　　（1）依次按 Menu、波形、参数、幅度键。此时通过幅度键可对单位 Vpp、Vrms、dBm 进行切换。

　　（2）通过数字键盘输入数字 300。

　　（3）选择所需单位：按单位键 mVpp。

3. 设置 DC 偏移电压

　　波形默认 DC 偏移电压为 0V 的正弦波。将 DC 偏移电压改为 −150mV 的具体步骤如下：

　　（1）依次按 Menu、波形、参数、偏移键进入参数设置。

　　（2）通过数字键盘输入数字 −150。

（3）选择对应单位 mV。

4. 设置方波

依次按 Menu、波形、类型、方波、参数键，要设置某项参数先按对应的键，再输入所需数值，然后选择单位即可。

5. 设置脉冲波

脉冲波默认占空比为 50%，上升/下降沿时间为 $1\mu s$。以设置周期为 2ms，幅度为 1.5V，直流偏移为 0V，占空比(受最低脉冲宽度规格 80ns 的限制)为 25%，上升沿时间为 $200\mu s$，下降沿时间为 $200\mu s$ 的方波为例，具体步骤如下：

依次按 Menu、波形、类型、脉冲波、参数键，再按频率键实现频率与周期的转换，然后输入所需数值，最后选择单位。在输入占空比数值时，选择 25% 完成输入。设置下降沿时间，按参数键或在子标签处于选中的状态下向右旋多功能旋钮进入子标签，再按下降沿键输入所需数值，然后选择单位即可。

6. 设置直流电压

实际上直流电压的输出就是对直流偏移进行设置，将 DC 偏移电压改为 3V 的具体步骤如下：

（1）依次按 Menu、波形、类型、直流键进入参数设置状态。
（2）通过数字键盘输入所需数字 3。
（3）选择所需单位 V。

7. 设置斜波

斜波默认对称度为 100%。以设置频率为 2ms，幅度为 1.5V，直流偏移为 0V，占空比为 50% 的三角波为例，具体步骤如下：

依次按 Menu、波形、类型、斜波、参数键进入参数设置状态，选中需要设置的参数进入编辑状态，再输入所需数值，然后选择单位即可。注：在输入对称度数值时，屏幕下方有快捷按键，选择 50%，按对应的键即可快速输入，也可通过数字键盘输入。

8. 设置噪声波

系统默认幅度为 300mV，直流偏移为 1V 的准高斯噪声。以设置幅度为 300mV，直流偏移 1V 的准高斯噪声为例，具体步骤：依次按 Menu、波形、类型、噪声、参数键进入参数编辑状态，设置参数后再输入所需数值及单位即可。

9. 示波器的使用

示波器是一种用途十分广泛的电子测量仪器。它能把肉眼看不见的电信号转换成看得见的图像，便于人们研究各种电现象的变化过程。利用示波器能观察各种不同信号幅度随时间变化的波形曲线，还可以用它测试各种不同的电量，如电压、电流、频率、相位差等。

示波器按照信号处理方式的不同可以分为模拟示波器和数字示波器。模拟示波器要提高带宽,需要示波管、垂直放大和水平扫描全面推进。数字示波器要改善带宽只需要提高前端 A/D 转换器的性能,对示波管和扫描电路没有特殊要求。数字示波管能充分利用记忆、存储和处理,可以多种触发和超前触发,相比模拟示波器优势非常明显,正在逐步取代模拟示波器。图 6.7 所示为数字存储示波器前面板,其基本操作如下。

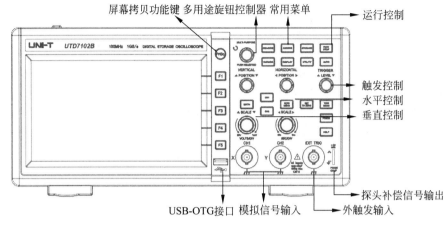

图 6.7　数字存储示波器前面板

1) 数字示波器接入信号

(1) 将数字存储示波器探头连接到 CH1 输入端,并将探头上的衰减倍率开关设定为 10×。

(2) 在数字存储示波器上需要设置探头衰减系数。衰减系数改变仪器的垂直挡位倍率,从而使得测量结果正确反映被测信号的幅值。

(3) 把探头的探针和接地夹连接到探头补偿信号的相应连接端上。按 AUTO 按钮。几秒钟内,可见到方波显示,以同样的方法检查 CH2,按 CH2 功能按钮以打开 CH2,重复步骤(2)和步骤(3)。

2) 探头补偿

在首次将探头与任一输入通道连接时,需要进行此项调节,使探头与输入通道相配。未经补偿校正的探头会导致测量误差或错误。

(1) 将探头菜单中的衰减系数设定为 10×,探头上的开关置于 10×,并将数字存储示波器探头与 CH1 连接。如使用探头钩形头,应确保与探头接触可靠。将探头端部与探头补偿器的信号输出连接器相连,接地夹与探头补偿器的地线连接器相连,打开 CH1,然后按 AUTO 按钮。

(2) 如显示波形如图 6.8 所示的"补偿不足"或"补偿过度",可用非金属手柄的改锥调整探头上的可变电容,直到屏幕显示的波形如图 6.8 所示的"补偿正确"。

补偿过度　　　　补偿正确　　　　补偿不足

图 6.8　探头补偿校正

3）波形显示的自动设置

（1）将被测信号连接到信号输入通道。

（2）按下 AUTO 按钮。数字存储示波器将自动设置垂直偏转系数、扫描时基以及触发方式。如果需要进一步仔细观察，在自动设置完成后可再进行调整，直至使波形显示达到需要的最佳效果。

4）垂直系统

（1）使用垂直位置旋钮使波形在窗口中居中显示信号垂直位置旋钮控制信号的垂直显示位置。当旋动垂直位置旋钮时，指示通道地（GROUND）的标识跟随波形而上下移动。

（2）改变垂直设置，并观察状态信息变化。可以通过波形窗口下方的状态栏显示的信息，确定任何垂直挡位的变化。旋动垂直标度旋钮改变"伏/格"垂直挡位，可以发现状态栏对应通道的挡位显示发生了相应的变化。按 CH1、CH2、MATH、REF 等按钮，屏幕显示对应通道的操作菜单、标志、波形和挡位状态信息。

5）水平系统

（1）使用水平 SCALE 旋钮改变水平时基挡位设置，并观察状态信息变化。转动水平 SCALE 旋钮改变 s/div 时基挡位，可以发现状态栏对应通道的时基挡位显示发生了相应的变化。水平扫描速率为 2ns/div～50s/div，以 1-2-5 方式步进。

（2）使用水平 POSITION 旋钮调整信号在波形窗口的水平位置。水平 POSITION 旋钮控制信号的触发移位。当应用于触发移位时，转动水平 POSITION 旋钮，可以观察到波形随旋钮而水平移动。

（3）按 MENU 按钮，显示 ZOOM 菜单。在此菜单下，按 F3 键可以开启视窗扩展，再按 F1 键可以关闭视窗扩展而回到主时基。

6）触发系统

（1）在触发菜单控制区有一个旋钮、三个（或二个）按键。使用触发电平旋钮改变触发电平，可以在屏幕上看到触发标志来指示触发电平线，随旋钮转动而上下移动。在移动触发电平的同时，可以观察到在屏幕下部的触发电平数值的相应变化。

（2）使用 TRIGGER ENU 以改变触发设置。

按 F1 键，选择触发类型。

按 F2 键，选择触发源。

按 F3 键，设置斜率。

按 F4 键，设置触发方式。

按 F5 键，设置触发耦合。

（3）按 SET TO ZERO 按键，设定触发电平在触发信号幅值的垂直中点。

（4）按 FORCE 按钮：强制产生一触发信号，主要应用于触发方式中的正常和单次模式。

7）存储和调出

使用 STORAGE 按键显示存储设置菜单，可将示波器的波形或设置状态保存到内部存储区或 U 盘上，并能通过 RefA（或 RefB）从其中调出所保存的波形，或通过 STORAGE 按键调出设置状态；在 U 盘插入时，可将示波器的波形显示区以位图的格式存储到 U 盘的 DSO 目录下，通过 PC 可读出所保存的位图。

10. 认识二极管

1）半导体基础知识

自然界的物质、材料按导电能力大小可分为导体、半导体和绝缘体三大类。其中，容易导电、电阻率小于 $10^{-4}\Omega\cdot cm$ 的物质称为导体，如铜、铝、银等金属材料；很难导电、电阻率大于 $10^4\Omega\cdot cm$ 的物质称为绝缘体，如塑料、橡胶、陶瓷等材料；导电能力介于导体和绝缘体之间的物质称为半导体，如硅、锗、硒及大多数金属氧化物和硫化物等。

半导体之所以被作为制造电子元器件的主要材料在于它具有热敏性、光敏性和掺杂性。

热敏性：指半导体的导电能力随着温度的升高而迅速增加的特性。利用这种特性可制成各种热敏元件，如热敏电阻等。

光敏性：指半导体的导电能力随光照的变化有显著改变的特性。利用这种特性可制成光电二极管、光电三极管和光敏电阻等。

掺杂性：指半导体的导电能力因掺入微量杂质而发生很大变化的特性。利用这种特性可制成二极管、三极管和场效应管等。

（1）本征半导体。本征半导体是指完全不含杂质且无晶格缺陷的纯净半导体，一般是指其导电能力主要由材料的本征激发决定的纯净半导体。在电子器件中，用得最多的半导体材料是硅和锗。将锗和硅材料提纯并形成单晶体后，所有原子便基本上整齐排列了。

现实中半导体的晶体结构是三维正四面体结构。由于共价键（图 6.9）的存在，当处于热力学温度 $T=0$K 时，本征半导体中几乎没有自由移动的电子，但当温度升高或受光照时，因为半导体共价键中的价电子并不像绝缘体中束缚得那样紧，价电子从外界获得一定的能量，少数价电子会挣脱共价键的束缚，成为自由电子，同时在原来共价键的相应位置上留下一个空位，这个空位称为空穴，如图 6.10 所示。我们把这种现象称为本征激发。自由电子和空穴是成对出现的，跳出一个电子就会多出一个空穴，因此称它们为电子空穴对。在本征半导体中，电子与空穴的数量总是相等的，称为电子-空穴对。

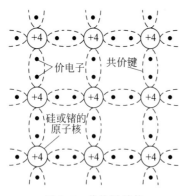

图 6.9　共价键结构

共价键中出现空穴后，在外电场或其他能源的作用下，邻近的价电子就可填补到这个空穴上，而在这个价电子原来的位置上又会留下新的空穴，以后其他价电子又可转移到这个新的空穴上。

为了区别于自由电子的运动，我们把这种价电子的填补运动称为空穴运动，认为空穴是一种带正电荷的载流子，它所带的电荷和电子的电荷大小相等，符号相反，如图 6.10 所示。由此可见，本征半导体中存在两种载流子：电子和空穴。

本征半导体中本征激发的载流子数目很少，形成的导电能力较差。为了提高其导电能力，实际中需要增加载流子的数目。通常是在本征半导体中掺入微量的其他元素（称为掺杂）形成杂质半导体。根据掺入的杂质不同，杂质半导体可分为 N 型半导体和 P 型半导体两种。

（2）N 型半导体。在本征半导体硅（或锗）中掺入微量五价元素磷，由于磷原子最外层有 5 个价电子，它与周围的硅原子组成共价键时，多余的一个价电子很容易摆脱原子核的束缚成为自由电子。另外,还有少数的电子-空穴对,这种半导体导电主要靠电子,所以称为电子型半导体或 N 型半导体,如图 6.11 所示。N 型半导体中,自由电子是多子,空穴是少子。

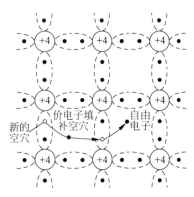

图 6.10 空穴运动

（3）P 型半导体。若在本征半导体硅（或锗）中掺入微量三价元素硼,由于硼原子最外层只有 3 个价电子,它与周围硅原子组成共价键时,因缺少一个价电子而形成一个空穴,相邻的价电子很容易填补这个空穴,形成新的空穴。另外,还有少数的电子-空穴对。这种半导体导电主要靠空穴,所以称为空穴型半导体或 P 型半导体,如图 6.12 所示。P型半导体中,空穴是多子,自由电子是少子。

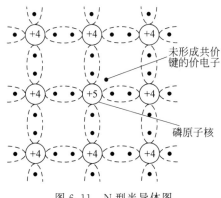

图 6.11 N 型半导体图

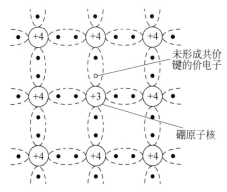

图 6.12 P 型半导体图

（4）PN 结形成。采用不同的掺杂工艺,通过扩散作用,将 P 型半导体与 N 型半导体制作在同一块半导体（通常是硅或锗）基片上,在它们的交界面就形成空间电荷区,称为 PN 结。

　　P 型半导体和 N 型半导体结合后,由于 N 型区内自由电子为多子,空穴为少子,而 P 型区内空穴为多子,自由电子为少子,在它们的交界处就出现了电子和空穴的浓度差。由于自由电子和空穴浓度差的原因,在交界面附近将产生多数载流子的扩散运动。P 区的空穴向 N 区扩散,与 N 区的电子复合;N 区的电子向 P 区扩散,与 P 区的空穴复合。由于这种扩散运动,N 区失掉电子产生正离子,P 区得到电子产生负离子,结果在界面两侧形成了由等量正、负离子组成的空间电荷区。在这个区域内,由于多数载流子已扩散到对方并复合掉,好像耗尽了一样,因此空间电荷区又称为耗尽层。

　　由于空间电荷区的形成,建立了由 N 区指向 P 区的内电场。显然,内电场对多数载流子的扩散运动起阻碍作用,故空间电荷区也称为阻挡层。与此同时,内电场有助于少数载流子的漂移运动,因此,在内电场作用下,N 区的空穴向 P 区漂移,P 区的电子向 N 区漂移,其结果是使空间电荷区变窄,内电场削弱。显然,扩散运动与漂移运动是对立的,当二者的运动达到动态平衡时,空间电荷区的宽度便基本稳定下来。这种宽度稳定的空间电荷区称为 PN 结。

（5）PN结单向导电性。PN结两端所加电压的极性不同,其所呈现的导电性能也不同。通常将加在PN结上的电压称为偏置电压。给PN结外加正向偏置电压,即P区接电源正极,N区接电源负极,称PN结为正向偏置(简称正偏),如图6.13所示。此时外加电源产生的外电场的方向与PN结产生的内电场方向相反,会破坏扩散运动与漂移运动的平衡。外电场有利于扩散运动,不利于漂移运动,于是,多子的扩散运动加强,中和一部分空间电荷,使整个空间电荷区变窄,并形成较大的扩散电流,方向由P区指向N区,称为正向电流。此时,PN结处于导通状态。给PN结加反向偏置电压,即N区接电源正极,P区接电源负极,称PN结反向偏置(简称反偏),如图6.14所示。此时外加电场与内电场的方向一致,因而加强了内电场,促进了少子的漂移运动,阻碍了多子的扩散运动,使空间电荷区变宽。主要由少子的漂移运动形成的漂移电流将超过扩散电流,方向由N区指向P区,称为反向电流。由于常温下少子的数量很少,所以反向电流很小。此时,PN结处于截止状态。

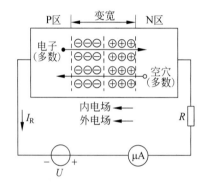
图6.13　PN结外加正向偏置电压

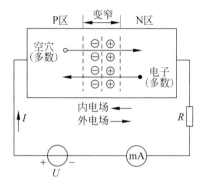
图6.14　PN结加反向偏置电压

总之,PN结具有单向导电性,即正向偏置时,低阻态,呈导通状态,有较大的正向电流;反向偏置时,反向电阻较大,呈截止状态,只有很小的反向电流(纳安级)流过。

2）半导体二极管

二极管可被看作PN结的一个物化器件,PN结上具有的特性均可在二极管上反映出来。二极管的结构如图6.15所示,它可分为点接触型、面接触型和平面型三种。从二极管的P区引出的电极称为阳极,从N区引出的电极称为阴极。

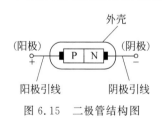
图6.15　二极管结构图

点接触型二极管的特点是PN结面积小,结电容小,工作电流小,但其高频性能好,一般用于高频和小功率的工作,也可用作数字电路中的开关元件;面接触型二极管的特点是PN结面积大,结电容大,工作电流大,但其工作频率较低,一般用于整流;平面型二极管的特点是PN结面积可大可小,结面积大的主要用于大功率整流,结面积小的可作为数字脉冲电路中的开关管。

此外,按材料不同,二极管可分为硅二极管和锗二极管;按用途不同,二极管可分为普通二极管、整流二极管、稳压二极管、光电二极管及变容二极管等。

（1）二极管的伏安特性。二极管的伏安特性就是流过二极管的电流和两端电压之间的关系,包括正向特性、反向特性以及温度特性,其特性曲线如图6.16所示。

正向特性：当正向偏置电压大于死区电压后，二极管呈现很小的电阻，二极管正向导通。导通后，随着正向偏置电压的升高，正向电流急剧增大，电压与电流的关系基本上为一指数曲线。导通后的正向压降，硅管为 $0.6\sim0.7V$，锗管为 $0.2\sim0.3V$。

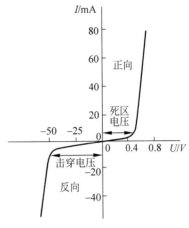

图 6.16　二极管伏安特性

反向特性：二极管外加反向偏置电压时，反向电流很小，且在一定的电压范围内基本不随反向电压变化，这个电流称为反向饱和电流。当反向偏置电压增大到某一数值后，反向电流急剧增大，此时二极管失去单向导电性，这种现象称为反向击穿，其所对应的电压称为反向击穿电压 U_{BR}。普通二极管的反向击穿电压一般在几十伏以上，高反压二极管可达几千伏。

温度特性：二极管对温度非常敏感。温度升高，正向特性曲线向左移动，反向特性曲线向下移动。在室温附近，温度每升高 $1℃$，正向压降会减小 $2\sim2.5mV$；温度每升高 $10℃$，反向电流会增大约 1 倍。

(2) 二极管的主要参数。二极管的参数是表征二极管的性能及其适用范围的重要指标，是选择、使用二极管的主要依据。其中，主要参数有最大整流电流、最大反向工作电压、最大反向电流、最高工作频率等。

最大整流电流：二极管长期工作允许通过的最大正向电流即为最大整流电流。在规定的散热条件下，二极管正向平均电流若超过此值，则会因结温过高而烧坏。

最高反向工作电压 U_{BR}：二极管工作时允许外加的最大反向电压。若超过此值，则二极管可能因反向击穿而损坏。一般取 U_{BR} 值的一半。

反向电流 I_R：二极管未击穿时的反向电流。I_R 越小，则二极管的单向导电性越好。但对温度敏感，随着温度的升高，其值增大。

最高工作频率 f_m：二极管正常工作的上限频率。若超过此值，会因结电容量的作用而影响其单向导电性。

(3) 二极管的应用。几乎在所有的电子电路中，都要用到半导体二极管。半导体二极管在电路中的应用主要有以下几个方面：

整流电路：整流电路将交流电变为单方向脉动的直流电。整流电路是二极管的主要应用领域之一。

限幅电路：限制电路的输出值。在电子电路中，常用限幅电路来减小或限制某些电路的幅值，以适应电路的不同要求或作为保护措施；在数字电路中，常用限幅电路来处理信号波形。

钳位电路：利用二极管正向导通时压降很小的特性可组成钳位电路，使电路中某点的电位值钳制在选定的数值上而不受负荷变动影响。

检波：载波信号经过二极管后负半波被削去，经过电容使高频信号旁路，负载上得到低频信号。

（4）特殊二极管。前面主要讨论了普通二极管，另外还有一些特殊用途的二极管，如稳压二极管、发光二极管、光电二极管和变容二极管等。

稳压二极管是一种特殊的面接触型半导体硅二极管，其正常工作在反向击穿区，通过反向击穿特性实现稳压作用。

发光二极管（LED）是一种能将电能转换成光能的半导体器件，其工作于正向偏置，用砷化镓、氮化镓制造，主要用于音响设备的电平显示及线路通、断状态的指示等。发光二极管与普通二极管一样，也是由 PN 结构成的，同样具有单向导电性，但在正向导通时能发光，所以它是一种把电能转换成光能的半导体器件。

光电二极管是将光信号转换成电信号的半导体器件，它主要用于需光电转换的自动探测、计数、控制装置中。

11. 整流和滤波

1）整流电路

将交流电变成单向脉动电流的过程称为整流，完成这种功能的电路称为整流电路，又称整流器。

（1）单相半波整流电路。单相半波整流电路如图 6.17 所示。在 u_2 正半周，VD 正向导通，此时若忽略二极管的管压降，即 $u_o = u_2$，则输出电压 u_o 的波形与 u_2 相同；在 u_2 负半周时，二极管 VD 反向截止，输出电压 $u_o = 0$，此时 u_2 全部加在二极管两端。

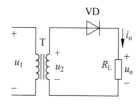

图 6.17　单相半波整流电路

电源变压器一次电压为 u_1，二次电压为 u_2，两个电压均为正弦交流电压，故可设 $u_2 = \sqrt{2}U_2\sin\omega t$。根据以上分析，那么可以得出电路中 u_2 和 u_o 电压波形如图 6.18 所示，由图可见负载上得到单方向的脉动电压。由于该电路仅在半个周期内有输出，所以称为半波整流电路。

一个周期内电压 u_o 的平均值 U_o 为

$$U_o = \frac{1}{2\pi}\int_0^\pi \sqrt{2}U_2\sin\omega t\, \mathrm{d}(\omega t) = 0.45U_2 \tag{6-1}$$

负载流过的直流电流 I_o 为

$$I_o = \frac{U_o}{R_L} = 0.45\frac{U_2}{R_L} \tag{6-2}$$

单相半波整流电路需要根据流过二极管的平均电流和其所承受的最高反向电压来选择二极管的型号。在单相半波整流电路中，流过整流二极管的平均电流与流过负载的直流电流相等。

二极管截止时承受的最高反向电压 U_{BR} 与变压器二次电压 u_2 的最大值相等，即

$$U_{BR} = \sqrt{2}U_2 \tag{6-3}$$

【例 6-1】　有一单相半波整流电路，如图 6.18 所示，已知负载电阻为 1kΩ，整流电路工作电流为 15mA，求变压器接收端绕组电压的有效值，并为单相半波整流电路选择合适的整流二极管。

解：根据欧姆定律可得

$$U_o = R_L I_o = 15\text{V}$$

根据式(6-1)得

$$U_2 = \frac{U_o}{0.45} = 33\text{V}$$

流过整流二极管的平均电流为

$$I_V = I_o = 15\text{mA}$$

二极管截止时承受的最高反向电压 U_{BR} 为

$$U_{BR} = \sqrt{2}U_2 = 1.41 \times 33\text{V} = 47\text{V}$$

根据以上求得的参数,查二极管手册,可选用一只额定整流电流为 100mA、最大反向工作电压为 50 V 的 2CZ52B 型整流二极管。

(2) 单相桥式整流电路。单相桥式整流电路是工程中最常用的一种单相全波整流电路。单相桥式整流电路由四只整流二极管组成,这些二极管按照图 6.19 所示电路连接在一起。在四个顶点中,相同极性接在一起的一对顶点接向直流负载 R_L,不同极性接在一起的一对顶点接向交流电源。

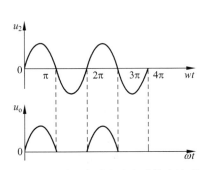

图 6.18　单相半波整流电路输出波形

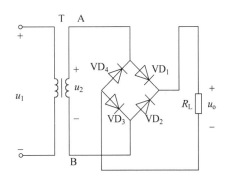

图 6.19　单相桥式整流电路

在电压 u_2 的正半周,A 点电位高于 B 点电位,二极管 VD_1 和 VD_3 正向导通,二极管 VD_2、VD_4 反向截止,电流的路径是 A→VD_1→RL→VD_3→B。

在 u_2 的负半周,B 点电位高于 A 点电位,二极管 VD_2、VD_4 正向导通,二极管 VD_1 和 VD_3 反向截止,电流的路径是 B→VD_2→RL→VD_4→A。

由于 VD_1、VD_3 和 VD_2、VD_4 两对二极管交替导通,因此负载 R_L 上在 u_2 的整个周期内都有电流流过,而且方向不变。单相桥式整流电路中,设电源变压器一次电压为 u_1,二次电压为 u_2,这两个电压均为正弦交流电压,并设 $u_2 = \sqrt{2}U_2 \sin\omega t$。根据以上分析可得,电路中负载电阻 R_L 两端的电压 u_o、流过 R_L 的电流 i_o 及流过二极管的电流 i_D 的波形如图 6.20 所示。

负载上的直流电压为

$$U_o = \frac{1}{\pi}\int_0^\pi \sqrt{2}U_2 \sin\omega t\, d(\omega t) = 0.9U_2 \tag{6-4}$$

负载上的直流电流为

$$I_o = \frac{U_o}{R_L} = 0.9\frac{U_2}{R_L} \tag{6-5}$$

在单相桥式整流电路中,两对二极管交替导通,每只仅在电压 u_2 的半个周期内流过电

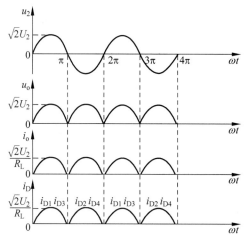

图 6.20　单相桥式整流电路输出波形图

流,所以每只二极管的平均电流为负载上直流电流的一半,每只二极管反向截止时所承受的最高反向电压 U_{BR} 为

$$U_{BR}=\sqrt{2}U_2 \tag{6-6}$$

12. 滤波电路

整流电路虽然可以把交流电转变为单一方向的脉动直流电,但该脉动直流电含有较大的脉动成分,不能保证电子设备的正常工作。因此,除了整流电路之外还需要利用由储能元件(电容器、电感器)组成的滤波电路,以减小电压中的脉动成分,使输出的电压更加平滑,变为平滑直流电。

1) 电容滤波电路

电容滤波电路是最常见、最简单的滤波电路,由滤波电容 C 与负载 R_L 并联而成,它利用电容的充放电来改善输出电压的脉动程度。图 6.21 所示为单相桥式整流电容滤波电路。

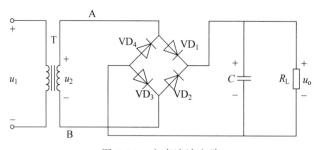

图 6.21　电容滤波电路

在 u_2 的正半周,当 $u_2 > u_C$(电容两端电压)时,VD_1 和 VD_3 正向导通。此时,u_2 给负载供电的同时对电容 C 充电,当充到最大值时,u_C 和 u_2 开始下降,其中的 u_2 按正弦规律下降。当 $u_2 < u_C$ 时,VD_1 和 VD_3 承受反向电压而截止,电容对负载放电,u_C 按指数规律下降。

在 u_2 的负半周,情况与在 u_2 的正半周相似,只是在 $|u_2| > u_C$ 时,VD_2 和 VD_4 正向导

通。经滤波后 u_o 的波形如图6.22所示,脉动明显减小。

电容滤波电路结构简单、输出电压高,但负载直流电压受负载电阻的影响比较大。电容滤波适用于电流较小且变化不大的场合。

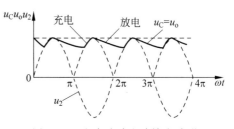

图6.22 电容滤波电路输出波形

2)电感滤波电路

电感滤波电路由电感 L 和负载电阻 R_L 串联而成,如图6.23所示,它利用电感对交流阻抗大的特点减小电压脉动得到平滑的电压。

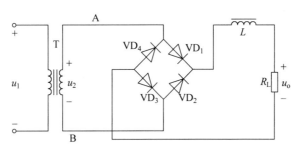

图6.23 单相桥式整流电感滤波电路

其工作原理为:当流过电感绕组的电流增大时,电感绕组产生的自感电动势与电流方向相反,阻止电流的增加,同时将一部分电能转换成磁场能存储于电感之中;当流过电感绕组的电流减小时,自感电动势与电流方向相同,同时向外释放存储的能量,补偿电流的减小,从而得到平滑的电压。频率越高、电感越大,滤波效果越好。

电感滤波电路体积较大、成本较高。随着绕组电感量的增大,直流能量的损耗也增大。电感滤波电路主要用于负载电流较大且经常变化的场合,在一般的电子仪器中很少采用。

3)复式滤波电路

为了得到更好的滤波效果,可以将电感、电容、电阻按照一定的方式组成复式滤波电路。常见的复式滤波电路有 Γ 型和 Π 型两种,如图6.24所示。

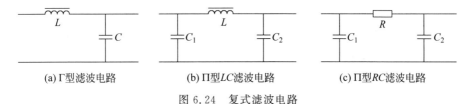

| (a)Γ型滤波电路 | (b)Π型LC滤波电路 | (c)Π型RC滤波电路 |

图6.24 复式滤波电路

每一种复合滤波电路都有各自的工作特点和适用场合,Γ 型 LC 滤波电路适用于电流较大、要求输出电压非常平稳的场合,用于高频时更为合适。Π 型 LC 滤波电路的滤波效果比 Γ 型 LC 滤波电路更好,但整流二极管的冲击电流较大,因此更适用于小电流负载场合。Π 型 RC 滤波电路中用电阻 R 代替了 Π 型 LC 滤波电路中的电感绕组,克服了电感绕组体积大而笨重,成本高的缺点。R 越大、C_2 越大,滤波效果越好。但 R 太大,将使直流压降增加,所以这种滤波电路主要适用于负载电流较小而又要求输出电压脉动小的场合。

13. 其他稳压电源

1) 串联型稳压电源

（1）电路组成。串联型稳压电源可以使输入电压存在波动时，输出电压保持恒定，串联型稳压电路，除了变压、整流、滤波外，稳压部分一般有调整、基准电压、比较放大器和取样电路四个环节，电路如图 6.25 所示。

调整：由调整管 T 组成，T 的基极电位 U_B 动态反映了整个稳压电路的输出电压 U_o 的变动，控制基极电位就可控制 U_o 的值。

基准电压：由稳压二极管 D_z 和电阻 R 构成，用于为电路提供一个稳定的基准电压 U_z，作为调整比较的标准。

比较放大器：集成运放作为比较放大电路，将采样所得电压 U_f 与基准电压 U_z 比较放大后送到调整管 T 的基极。

取样电路：由电阻 R_1，R_P，R_2 组成输出电压的取样电路，将输出电压的一部分（即 U_f）送到比较环节。

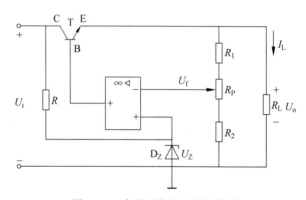

图 6.25　串联型稳压电源电路图

（2）工作过程。当电网电压波动或负载电阻的变化等原因造成输出电压 U_o 升高（降低）时，取样电路将取样电压 U_f 送到集成运放的反相输入端，它与集成运放同相输入端的基准电压 U_z 进行比较放大，集成运放的输出电压即调整管的基准电压降低（升高），因为调整环节采用射极输出形式，所以输出电压 U_o 必然降低（升高），从而使 U_o 得到稳定。串联稳压电路的稳压过程，实质上是通过电压负反馈使输出电压保持基本稳定的过程。上述过程可表示为

$$U_o \uparrow \rightarrow U_f \uparrow \rightarrow (U_z - U_f) \downarrow \rightarrow U_B \downarrow \rightarrow U_o \downarrow$$

如果 U_o 减小，其工作过程与上述相反。

理想条件下，电位器 R_P 滑至最下端，电路输出电压最大，其值为

$$U_{omax} = \frac{R_1 + R_2 + R_P}{R_2} U_z \tag{6-7}$$

电位器 R_P 滑至最上端，电路输出电压最小，其值为

$$U_{omin} = \frac{R_1 + R_2 + R_P}{R_2 + R_P} U_z \tag{6-8}$$

2）并联型稳压电源

（1）电路组成。并联型稳压是利用稳压管所起的电流调节作用，通过限流电阻 R 上的电压变化进行补偿达到稳压的目的。电路如图 6.26 所示。

（2）工作过程。当输入电压 U_i 保持不变，R_L 升高，并联型稳压电路工作过程为 $R_L\uparrow\rightarrow U_o\uparrow\rightarrow U_z\uparrow\rightarrow I_z\uparrow\rightarrow I_R\uparrow\rightarrow U_R\uparrow\rightarrow U_o\downarrow$。如果负载 R_L 减小，其工作过程与上述相反，输出电压 U_o 仍保持基本不变。

当负载电阻器 R_L 保持不变，U_i 减小，$U_i\downarrow\rightarrow U_o\downarrow\rightarrow U_z\downarrow\rightarrow I_z\downarrow\rightarrow I_R\downarrow\rightarrow U_R\downarrow\rightarrow U_o\uparrow$。如果输入电压 U_i 升高，其工作过程与上述相反，输出电压 U_o 仍保持基本不变。

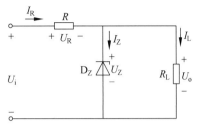

图 6.26　并联型稳压电源电路图

14. 集成稳压电源

随着集成工艺的发展，如前文所述晶体管串联稳压电路已有集成系列产品。与外部元件简单配合即可方便使用。三端集成稳压器有三个引出端子，分别是输入端、输出端和公共地端，故称三端集成稳压器。三端集成稳压器按性能可分为三端固定式集成稳压器和三端可调式集成稳压器。

1）三端固定式集成稳压器

三端固定式集成稳压器有输入、输出和公共地端三个引出端子，其 W78×× 和 W79×× 系列三端固定式集成稳压器外形、引脚意义和图形符号如图 6.27 所示，W78×× 是正电压输出系列三端固定式集成稳压器，W79×× 是负电压输出系列三端固定式集成稳压器。

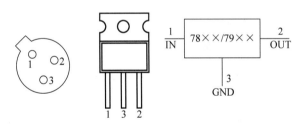

图 6.27　三端固定式集成稳压器外形、引脚意义和图形符号

采用 CW7812 芯片的固定输出稳压电路如图 6.28 所示，电路中 C_1 为滤波电容，C_2 用于抵消输入端较长接线的电感效应，防止电路产生自激振荡，接线不长时也可不用，C_3 用于改善负载的瞬态响应，消除高频噪声。

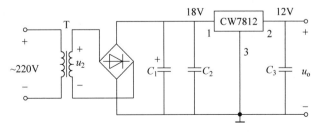

图 6.28　固定输出稳压电路

具有正、负电压输出的稳压电源电路组成如图 6.29 所示,电源变压器带有中心抽头并接地,输出端得到大小相等、极性相反的电压。

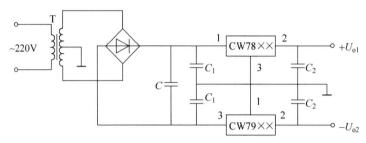

图 6.29　具有正、负电压输出的稳压电源电路

2) 三端可调式集成稳压器

三端可调式集成稳压器 W317(正电压输出)和 W337(负电压输出)系列有输入、输出和电压调整端三个引出端子,其外形、引脚意义和图形符号如图 6.30 所示。

三端可调式集成稳压器的典型应用电路如图 6.31 所示。电路输入电流一般不小于 5mA,输入电压范围为 2～40V,输出电压范围为 1.25～37V 时可调,负载电流最大值为 1.5A,由于调整端的输出电流非常小,可将其忽略,得输出电压表达式为

$$U_{\text{o}} = \left(1 + \frac{R_{\text{P}}}{R_1}\right) \times 1.25\text{V} \tag{6-9}$$

式(6-9)中,1.25V 为集成稳压器输出端与调整端之间的基准电压;R_1 一般取值 120～240Ω,调节电阻 R_{P} 可改变输出电压的大小。

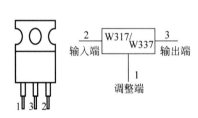

图 6.30　三端可调式集成稳压器外形、
引脚意义和图形符号

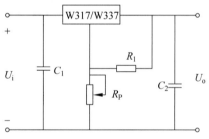

图 6.31　三端可调式集成稳压器的
典型应用电路

3) LM317 芯片参数

LM317 是应用最为广泛的电源集成电路之一,它不仅具有固定式三端稳压电路的最简单形式,又具备输出电压可调的特点。此外,还具有调压范围宽、稳压性能好、噪声低、纹波抑制比高等优点。LM317 是可调节三端正电压稳压器,在输出电压范围为 1.2～37V 时能够提供超过 1.5A 的电流,此稳压器非常易于使用。

主要参数:

输出电压:DC 1.25～37V。

输出电流:5mA～1.5A。

芯片内部:具有过热、过电流、短路保护电路。

最大输入-输出电压差：DC 40V。

最小输入-输出电压差：DC 3V。

使用环境温度：$-10℃\sim+85℃$。

存储环境温度：$-65℃\sim+150℃$。

15. 全球主要半导体生产设计企业及相关领域

数字芯片：苹果（A 系列芯片）、英特尔、英伟达、IBM（超算芯片）、高通、AMD、赛灵思（数据中心芯片）、美光、西部数据（收购闪迪）、恩智浦（荷兰飞利浦分拆）、英飞凌（德国西门子分拆）、意法半导体（法国汤姆逊分拆）。

模拟芯片：德州仪器、博通、亚德诺、微芯科技、美信半导体、思佳讯半导体。

软件：新思科技（IC 设计软件）、卡得斯（IC 设计软件）。

设备领域：ASML（荷兰飞利浦分拆），占据了 80% 的光刻机市场。

存储和模拟芯片：三星、SK 海力士占据了 80% 的存储芯片市场。

材料领域：信越化学（硅晶圆材料）、JSR（光刻胶）、JX（靶材）、日立化成、旭化成、住友化学等数十家公司，占据了全球 50% 的半导体材料市场；台积电、日月光，占据了 50% 的晶圆制造和下游封测市场。

16. 半导体的发现

半导体的发现实际上可以追溯到很久以前。1833 年，英国科学家、电子学之父法拉第最先发现硫化银的电阻随着温度的变化情况不同于一般金属，一般情况下，金属的电阻值随温度的升高而增加，但法拉第发现硫化银材料的电阻值是随着温度的上升而降低。这是半导体现象的首次发现。不久，1839 年法国的贝克莱尔发现半导体和电解质接触形成的结，在光照下会产生一个电压，这就是后来人们所熟知的光生伏特效应，这是被发现的半导体的第二个特性。1873 年，英国的史密斯发现硒晶体材料在光照下电导增加的光电导效应，这是半导体的第三种特性。在 1874 年，德国的布劳恩观察到某些硫化物的电导与所加电场的方向有关，即它的导电有方向性，在它两端加一个正向电压，它是导通的；如果把电压极性反过来，它就不导电，这就是半导体的整流效应，也是半导体所特有的第四种特性。同年，舒斯特又发现了铜与氧化铜的整流效应。半导体的这四个特性，虽在 1880 年以前就先后被发现了，但半导体这个名词大概到 1911 年才被考尼白格和维斯首次使用。而总结出半导体的这四个特性一直到 1947 年 12 月才由贝尔实验室完成。

17. 半导体器件的发展历史

第一代半导体元件，叫电子管。电子管是一种外形很像电灯泡的元件，如图 6.32 所示。电子管作为一种最早期的电信号放大器件。被封闭在玻璃容器（一般为玻璃管）中的阴极电子发射部分、控制栅极、加速栅极、阳极（屏极）引线被焊在管基上。利用电场对真空中的控制栅极注入电子来调制信号，并在阳极获得对信号放大或反馈振荡后的不同参数信号数据。电子管的发明可以追溯到一百多年前，爱迪生发明电灯泡，在研究的过程中，想找到最佳的灯丝材料，无意中发现了半导体的"爱迪生效应"，这是整体半导体产业的理论原点之一。后来的科学家弗莱明发明了电子管，一个庞大的产业生态就此诞生。电子管早期应用于电视机、收音机、扩音机等电子产品中,近年来逐渐被半导体材料制作的放大器和集成电路取代,但在一些高保真的音响器材中,仍然使用低噪声、稳定系数高的电子管作为音频功率放大器件。

可以说,半导体产业是现代电子工业的基础,第二次世界大战以前,整个电子工业都是建立在电子管之上的。但是电子管体积大、功耗大、发热厉害、寿命短、电源利用效率低、结构脆弱而且需要高压电源,它的绝大部分用途已经被固体器件晶体管所取代。

第二代半导体器件:晶体管。电子管的辉煌持续了半个世纪,直到第二次世界大战之后,终于被更先进的晶体管技术取代。图 6.33 所示为晶体管。晶体管(transistor)是一种固体半导体器件(包括二极管、三极管、场效应管、晶闸管等,有时特指双极型器件),具有检波、整流、放大、开关、稳压、信号调制等多种功能。晶体管作为一种可变电流开关,能够基于输入电压控制输出电流。与普通机械开关(如 Relay、switch)不同,晶体管利用电信号来控制自身的开合,所以开关速度可以非常快,实验室中的切换速度可超过 100GHz。晶体管用固体材料封装,取代了玻璃,质量更稳定、体积更小、功能也更丰富。

图 6.32　电子管实物图

图 6.33　晶体管实物图

1947 年 12 月,美国贝尔实验室的肖克利、巴丁和布拉顿组成的研究小组,研制出一种点接触型的锗晶体管。晶体管的问世是 20 世纪最伟大的发明之一,是微电子革命的先声。晶体管出现后,人们就能用一个小巧的、消耗功率低的电子器件,来代替体积大、功率消耗大的电子管了。晶体管的发明又为后来集成电路的诞生吹响了号角。

随着半导体科学的发展,晶体管时代有以下几个重要分支。

1) 分立器件

分立器件,主要是功率半导体,在晶体管发展早期,分立器件就是半导体的全部。但在今天分立器件在半导体产业链中的份额占比不大,只有 5% 左右,200 亿美元的规模。

分立器件主要包括二极管、三极管、电容、电阻,晶闸管、MOSFET、IGBT 等半导体功率器件产品等。在晶体管产业发展早期,整个电子工业都建立在这个基础上。在欧洲,飞利浦、西门子、汤姆逊等工业巨头纷纷涉足,这些公司后来将其相关业务分拆出来,就成了ASML、恩智浦、英飞凌等当今知名的半导体公司。美国自然也有德州仪器、博通等巨头,欧洲与美国两边同时起步,在此后的几十年欧美一直占据了这部分半导体市场。

2) 半导体传感器

半导体传感器是指利用半导体材料的各种物理、化学和生物学特性制成的传感器。所采用的半导体材料多数是硅以及Ⅲ-Ⅴ族和Ⅱ-Ⅵ族元素化合物。半导体传感器种类繁多，它利用近百种物理效应和材料的特性，具有类似于人的眼、耳、鼻、舌、皮肤等多种感觉功能。根据检出对象，半导体传感器可分为物理传感器（检出对象为光、温度、磁、压力、湿度等）、化学传感器（检出对象为气体分子、离子、有机分子等）、生物传感器（检出对象为生物化学物质）。

3）光电半导体器件

光电半导体器件是指把光和电这两种物理量联系起来，使光和电互相转换的新型半导体器件，即利用半导体的光电效应（或热电效应）制成的器件。光电器件主要有利用半导体光敏特性工作的光电导器件，利用半导体光伏特效应工作的光电池和半导体发光器件，等等。

半导体发光器件是一种将电能转换成光能的器件，包括发光二极管、红外光源、数码管等。

18.半导体材料发展

锗是被发现比较早的一种半导体材料，锗管特别适用于高频大功率器件，且在强辐射与−40℃下运转正常；不过，由于其自身的储量少、生产成本高、化学特性活泼、质量不稳定等缺陷，导致其并没有得到大规模的应用。锗在半导体器件上的应用已大部分被硅取代，仅在高频大功率器件上有一定用量，其他以光电雪崩二极管用量较大。

硅是半导体材料市场的主流。半导体器件和芯片市场上，95％以上的材料仍然用的是硅。硅是极为常见的一种元素，硅在宇宙中的储量排在第八位。在地壳中，它是第二丰富的元素，构成地壳总质量的26.4％，仅次于第一位的氧（49.4％），然而它极少以单质的形式在自然界出现，而是以复杂的硅酸盐或二氧化硅的形式，广泛存在于岩石、砂砾、尘土之中。这就让它的生产成本得以足够低，成为大规模运用的基础。另一方面，硅的化学特性也很稳定，绝缘性好，这就让它得以成为高密度存储、高性能运算芯片的基础材料。但硅在光电转换、高频、高功率性能上的表现比较差。

化合物半导体材料是最近20年才出现的一种半导体材料，由两种或两种以上元素以确定的原子配比形成的化合物，如砷化镓、氮化镓、碳化硅。化合物半导体材料在光电器件、功率器件、射频器件中占有很重要的地位。整个LED产业都是建立在半导体化合物材料基础上的，例如砷化镓二极管可以发出红光，磷化镓二极管发绿光，碳化硅二极管发黄光，氮化镓二极管发蓝光。半导体化合物材料制作的薄膜电池光电转换效率明显优于晶硅材料制作的光伏电池。

19.集成电路

1）集成电路含义

集成电路（Integrated Circuit，IC），顾名思义，就是把一定数量的常用电子元件（如电阻、电容、晶体管等），以及这些元件之间的连线，通过半导体工艺集成在一起的具有特定功能的电路。现在，集成电路已经在各行各业中发挥着非常重要的作用，是现代信息社会的基石。集成电路具有体积小，重量轻，引出线和焊接点少，寿命长，可靠性高，性能好等优点，同时成本低，便于大规模生产。它不仅在工业、民用电子设备（如收录机、电视机、计算机等）方面得到了广泛应用,而且在军事、通信、遥控等方面也得到了广泛应用。用集成电路来装配电子设备,其装配密度可比晶体管提高几十倍至几千倍,设备的稳定工作时间也可大大提高。

现在,虽然集成电路的含义已经远远超过了其刚诞生时的定义范围,但其最核心的部分仍然没有改变,那就是"集成",其所衍生出来的各种学科,大都围绕着"集成什么""如何集成""如何处理集成带来的利弊"这三个问题而开展的。硅集成电路是主流,就是把实现某种功能的电路所需的各种元器件都放在一块硅片上,所形成的整体被称作集成电路。

2)集成电路分类

按其功能、结构的不同,可以分为模拟集成电路、数字集成电路和数/模混合集成电路三大类。模拟集成电路又称线性电路,用来产生、放大和处理各种模拟信号(指幅度随时间变化的信号,例如半导体收音机的音频信号、录放机的磁带信号等),其输入信号和输出信号成比例关系;数字集成电路用来产生、放大和处理各种数字信号(指在时间和幅度上离散取值的信号,例如5G手机、数码相机、计算机的CPU、数字电视的逻辑控制和重放的音视频信号)。

3)集成电路制造工艺

集成电路制造就是在硅片上执行一系列复杂的化学或者物理操作,简单讲,这些操作可以分为四大基本类:薄膜制作(layer)、刻印(pattern)、刻蚀和掺杂。这些在单个芯片上制作晶体管和加工互连线的技术综合起来就成为半导体制造工艺。

光刻工艺:光刻是通过一系列生产步骤将晶圆表面薄膜的特定部分除去的工艺。在此之后,晶圆表面会留下带有微图形结构的薄膜。被除去部分的可能形状是薄膜内的孔或是残留的岛状部分。光刻生产的目标是根据电路设计的要求,生成尺寸精确的特征图形,且在晶圆表面的位置要正确,而且与其他部件的关联也正确。通过光刻过程,最终在晶圆片上保留特征图形的部分。有时光刻工艺是半导体制造工艺中最关键的。在光刻过程中产生的错误可造成图形歪曲或套准不好,最终可转化为对器件的电特性产生影响。

光刻工艺过程主要用到的设备就是光刻机。光刻机(Mask Aligner)又名掩膜对准曝光机、曝光系统、光刻系统等,是制造芯片的核心装备。它采用类似照片冲印的技术,把掩膜版上的精细图形通过光线的曝光印制到硅片上。高端的投影式光刻机可分为步进投影和扫描投影光刻机两种,分辨率通常为7纳米至几微米,高端光刻机号称世界上最精密的仪器,世界上已有1.2亿美元一台的光刻机。高端光刻机堪称现代光学工业之花,其制造难度大,全世界只有少数几家公司能够制造。

掺杂工艺:掺杂是将特定量的杂质通过薄膜开口引入晶圆表层的工艺过程,它有两种实现方法:热扩散和离子注入。热扩散是在1000℃左右高温下发生的化学反应,晶圆暴露在一定掺杂元素气态下。扩散的简单例子就如同除臭剂从压力容器内释放到房间内。气态下的掺杂原子通过扩散化学反应迁移到暴露的晶圆表面,形成一层薄膜,在芯片应用中,热扩散也称为固态扩散,因为晶圆材料是固态的。热扩散是一个化学反应过程,而离子注入是一个物理反应过程。晶圆被放在离子注入机的一端,掺杂离子源(通常为气态)在另一端。在离子源一端,掺杂体原子被离子化(带有一定的电荷),被电场加到超高速,穿过晶圆表层。原子的动量将掺杂原子注入晶圆表层,就好像一粒子弹从枪内射入墙中。掺杂工艺的目的是在晶圆表层内建立兜形区,或是富含电子(N型)或是富含空穴(P型)。这些兜形区形成电性活跃区的 PN 结,在电路中的晶体管、二极管、电容器、电阻器都依靠它来工作。

膜层生长工艺:在晶圆表面生成了许多的薄膜,这些薄膜可以是绝缘体、半导体或导体。它们由不同的材料组成,是使用多种工艺生长或淀积的。这些主要的工艺技术是生长二氧化硅膜和淀积不同材料的薄膜。通用的淀积技术是化学气相淀积(CVD)、蒸发和溅射。

热处理工艺:热处理是简单地将晶圆加热和冷却来达到特定结果的工艺。在热处理的过程中,晶圆上没有增加或减去任何物质,另外会有一些污染物和水汽从晶圆上蒸发。在离子注入工艺后会有一步重要的热处理。掺杂原子的注入所造成的晶圆损伤会被热处理修复,这称为退火,温度一般在 1000℃ 左右。另外,金属导线在晶圆上制成后会有一步热处理。这些导线在电路的各个器件之间承载电流。为了确保良好的导电性,金属会经 450℃ 热处理后与晶圆表面紧密熔合。热处理的第三种用途是通过加热在晶圆表面的光刻胶将溶剂蒸发掉,从而得到精确的图形。

4)集成电路发展

最先进的集成电路是微处理器或多核处理器的核心(core),可以控制计算机到手机到数字家用电器的一切。存储器和 ASIC 是其他集成电路家族的例子,对于现代信息社会非常重要。虽然设计开发一个复杂集成电路的成本非常高,但是当分散到通常以百万计的产品上时,每个 IC 的成本将很小。

这些年来,IC 持续向更小的外形尺寸发展,使得每个芯片可以封装更多的电路。这样,增加了每单位面积的容量,可以降低成本和增加功能,使集成电路中的晶体管数量,每两年增加一倍。总之,随着外形尺寸的缩小,几乎所有的指标都得到了改善,如单位成本和开关功率消耗下降,速度提高。

越来越多的电路以集成芯片的方式出现在设计师手里,使电子电路的开发趋向于小型化、高速化。越来越多的应用已经由复杂的模拟电路转化为简单的数字逻辑集成电路。

集成电路产业不再依赖 CPU、存储器等单一器件的发展,移动互联、三网融合、多屏互动、智能终端带来了多重市场空间,商业模式不断创新为市场注入新活力。目前,我国集成电路产业已具备一定基础,但在中高端芯片方面国产化不足,2019 年 5 月 20 日,美国禁止华为使用美国技术和任何供应企业的半导体,要求中芯国际等芯片制造商不能采用美国公司的工具生产华为所用零部件,这几乎封锁了华为所有核心部件供应商。

习题

1. 选择题

(1)当环境温度降低时,二极管的反向电流(　　　)。

　　A. 不变　　　　　　B. 增大　　　　　　C. 减小　　　　　　D. 无法判断

(2)稳压二极管的正常工作状态是(　　　)。

　　A. 导通状态　　　B. 截止状态　　　C. 反向击穿状态　　D. 任意状态

(3)三极管当发射结和集电结都正偏时工作于(　　　)状态。

　　A. 放大　　　　　　B. 截止　　　　　　C. 饱和　　　　　　D. 无法确定

（4）串联型稳压电路中的放大环节所放大的对象是（　　）。

    A. 基准电压   B. 采样电压

    C. 基准电压与采样电压之差   D. 基准电压与采样电压之和

2. 填空题

（1）导电性能介于导体和绝缘体之间的物质叫_____。

（2）PN 结的单向导电性是指：正偏_____，反偏_____。

（3）整流电路的作用是_____，常用的整流电路是_____。

（4）串联稳压电路由_____、_____、_____、_____四部分组成。

3. 解答题

（1）画出由四个二极管组成的桥式整流电路，并简要说明电路的工作原理。

（2）在桥式整流电容器滤波电路中，已知变压器二次电压的有效值 $U_2 = 10V$，电源频率为 50Hz，负载电阻值为 2kΩ。

    ① 估算输出电压的平均值 U_o。

    ② 如果测得 U_o 约为 9V 和 4.5V，试判断电路中分别出现了什么故障。

    ③ 在如图 6.26 所示的可调式集成稳压器电路中，如果输入电压是 12V，$R = 120Ω$，电位器的有效电阻值 R_P 为 1.2kΩ，那么输出电压 U_o 为多少？

项目7
简易助听器的装配与调试

总体学习目标

- 能正确识读电路原理图,分析简易助听器电路的工作原理
- 能列出电路所需的电子元器件清单
- 能对电子元器件进行识别与检测
- 能正确使用锡焊工具,正确安装简易助听器
- 能正确使用仪器仪表调试电路
- 能自检、互检,判断产品是否合格
- 能按照生产现场管理标准,进行安全文明生产

项目描述

本项目通过较为简单的电子产品——简易助听器来学习三极管及三极管放大电路。简易助听器适用于听力残疾者,这部分人群由于先天或后天原因,导致听觉器官构造缺损,听觉机能发生障碍,对声音的辨识有困难,严重影响生活、工作和学习。听力残疾者使用助听器后可以有效改善听觉障碍,帮助他们恢复正常的生活。简易助听器实质上是一个信号放大装置,属于低频放大器。

图7.1所示为语音放大电路的原理框图,微型话筒用于声音信号的采集,将外界声信号转换为电信号,然后输入放大器经放大后送到耳机,耳机再将放大后的电信号还原为声音,这个电路的核心部分就是放大,一般多采用三极管放大电路来实现,主要功能是电信号的放大。在完成项目学习后应提交简易助听器的成品。图7.2为本项目安装完成的成品;图7.3为电路原理图。

图 7.1　语音放大助听电路框图

图 7.2　简易助听器

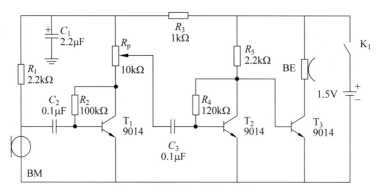

图 7.3　简易助听器电路原理

任务 1　简易助听器的装配

学习目标

- 能按照任务要求完成相关元器件的检测
- 能正确识读装配图
- 能按照锡焊工艺完成简易助听器的安装
- 能理解简易助听器的工作原理

子任务 1　元器件清单的制定

要求：根据简易助听器电路原理图，在印制电路板焊接和产品安装前，应正确无误地填写完成助听器元器件清单(表 7.1)。

表 7.1　助听器元器件清单

序号	元件名称	规格或型号	编号或作用	数量	配分	评分标准	得分
1	电阻				5	填错规格扣 2 分；填错编号扣 2 分；填错数量扣 1 分	
2	电容				5	填错规格扣 2 分；填错编号扣 2 分；填错数量扣 1 分	
3	三极管				5	填错规格扣 2 分；填错编号扣 2 分；填错数量扣 1 分	
4	电位器				1	规格填错，该项不得分	
5	话筒				2	型号填写错误，该项不得分	
6	开关				1	规格记录错误，该项不得分	

序号	元件名称	规格或型号	编号或作用	数量	配分	评分标准	得分
7	印制电路板				1	规格记录错误,该项不得分	
8	电池片				1	规格记录错误,该项不得分	
9	塑壳				1	规格记录错误,该项不得分	
子任务 1 得分							

子任务 2　元器件的检测

要求:根据元器件清单(表 7.1),按照电子元器件检验标准,正确检测元器件,把检测结果填入表 7.2 中。

表 7.2　元器件检测明细表

元器件	识别及检测内容			配分	评分标准	得分
电阻器	标称值(含误差)	测量值	测量挡位			
R_1				每只 1 分共计 5 分	错 1 项,该项不得分	
R_2						
R_3						
R_4						
R_5						
电容器	标称值/μF	介质分类	质量判定			
				每只 1 分共计 3 分	错 1 项,该项不得分	
电位器	标称值(调节范围)	测量值	阻值是否连续均匀变化,无跳跃或抖动	质量判定	每只 1 分共计 1 分	错 1 项,该项不得分	
三极管	画外形示意图标出引脚名称	电路符号	质量判定			
				每只 1 分共计 3 分	错 1 项,该项不得分	
驻极体话筒	初始状态	吹气	质量判断			
正向阻值				每只 1 分共计 1 分	错 1 项,该项不得分	
反向阻值						

续表

元器件	识别及检测内容			配分	评分标准	得分
耳机	右耳道	左耳道	质量判断	每只1分 共计2分	测试错误,该项 不得分	
拨动 开关	左挡位	右挡位	质量判断	每只1分 共计2分	测试错误,该项 不得分	
子任务2得分						

子任务 3 简易助听器的装配

要求:根据给出的简易助听器装配图,将检测好的元器件准确地焊接在提供的印制电路板上。在印制电路板上所焊接的元器件的焊点大小适中、光滑、圆润、干净、无毛刺,无漏、假、虚、连焊,引脚加工尺寸及成形符合工艺要求;导线长度、剥线头长度符合工艺要求,芯线完好,捻线头镀锡。助听器装配完成后,对照表7.3进行简易助听器成品的外观检查。

表 7.3 简易助听器外观检查

内容	考核要求	配分	评分标准	得分
元器件	元器件应无裂纹、变形、脱漆、损坏; 元器件上标识能清晰辨认	3分	一只元器件不符 合,扣0.5分	
电路板	应无堆锡过多,渗到反面,产生短路现象; 线路板不能出现焊盘脱落; 同一类元件,在印制电路板上高度应一致	3分	一处不合格,扣 0.5分	
焊接	不能出现剪坏的焊点; 不能出现错焊、虚焊、脱焊、漏焊、焊锡搭接、焊接点拉尖; 元器件应按照装配图正确安装在焊盘上; 接线牢固、规范	5分	一处不合格,扣 0.5分	
子任务3得分				

任务 2 简易助听器的调试

学习目标

- 能按照任务要求完成简易助听器首次通电检测
- 能解说简易助听器的工作原理
- 能使用万用表和示波器检测简易助听器

任务描述

完成简易助听器的外观检查后,外观合格的产品进行通电检测,测试其功能是否完好。调试步骤和内容按子任务 1～子任务 6 进行。

子任务 1　放大功能检测

该项计 1 分,有放大功能得分,否则不得分。

助听器开关打开,对着话筒轻轻喊话,调节电位器 $R_P=11\text{k}\Omega$(开关在右侧,逆时针变小,断电时测量该数值),使耳机里能听到较大而清晰的语音。

子任务 2　工作电流测量

该项计 1 分,正确测量得分,否则不得分。

调好指针万用表 DCA 25mA 挡或数字万用表 DCA 200mA 挡,将其从开关处正确串入,测量电路的总工作电流 $I=\text{mA}$。

子任务 3　静态工作电压测量

该项计 9 分,测量正确 1 个指标计 9 分。

调万用表 DCV 2.5V 挡位,测量各个三极管的电压,将数据记录在表 7.4 中。

表 7.4　静态工作电压测量

三极管	U_{BE}/V	U_{CE}/V	U_{EE}/V
VT_1			
VT_2			
VT_3			

子任务 4　波形观测

该项计 23 分,观测正确 1 个指标计 0.5 分。

调整信号发生器幅值为 2.7mV,频率为 1kHz 的正弦波输出信号,代替话筒 M 接入到电路。通过示波器观测电路各级输入与输出信号波形,画出 u_{B1}、u_{C1}、u_{B2}、u_{C2}、u_{B3}、u_{C3} 的波形,并标注峰值。确保各级最大不失真时描绘波形,并记录数据于表 7.5 中,波形画在图 7.4 中。

计算 $\dot{A}_{u1}=\underline{\qquad}$,$\dot{A}_{u2}=\underline{\qquad}$,$\dot{A}_{u3}=\underline{\qquad}$,$\dot{A}_{u}=\underline{\qquad}$。

表 7.5　示波器观测数据

观察点	X 轴灵敏度	周期 T	频率 f	Y 轴灵敏度	幅值	声音
VT_1-B 极						
VT_1-C 极						
VT_2-B 极						

续表

观察点	X 轴灵敏度	周期 T	频率 f	Y 轴灵敏度	幅值	声音
VT_2-C 极						
VT_3-B 极						
VT_3-C 极						

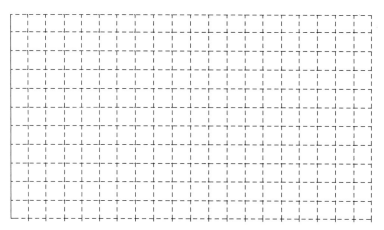

图 7.4　输入输出信号波形图

子任务 5　通频带 f_{BW} 观测

该项计 6 分,每小项 1 个指标计 1 分。

使信号发生器输出为正弦波,频率 1kHz,幅值 2mV 左右,观测三极管 VT_3 的 C 极,即第三级放大电路输出波形。

调整信号发生器的输出幅值,使放大电路输出为最大不失真波形。

保持信号发生器该幅值,以 1kHz 为中心,逐渐向低端与高端变化频率,观测输出波形幅值变化情况。

描绘该级放大电路的输出频率响应特性,找出下限频率 f_L 与上限频率 f_H,求出带宽 $B_W = f_H - f_L = $ _____。

完成频率响应测试,将数据记录在表 7.6 中,频率为_____时,波形开始出现失真。

表 7.6　频率响应测试数据

信号发生器幅值为　mV,下限频率 $f_L = 120Hz$,上限频率 $f_H = 2.5MHz$,$f_{BW} = 2.5MHz$

频率/Hz	6×10	8×10	10^2	1.2×10^2	1.4×10^2	2×10^2	3×10^2	4×10^2
幅值/V								
频率/Hz	8×10^2	10^3	2×10^3	10^4	1.5×10^4	5×10^4	10^5	5×10^5
幅值/V								
频率/Hz	8×10^5	10^6	1.5×10^6	2×10^6	2.2×10^6	2.5×10^6	2.8×10^6	3×10^6
幅值/V								

子任务6　描绘频率响应特性图

频率响应特性图如图 7.5 所示。

图 7.5　频率响应特性图

评价与考核

根据任务 1、任务 2 与安全文明生产的考核结果,给予综合评价。评价标准见表 7.7。

表 7.7　安全文明生产评价标准

内容	考核要求	配分	评分标准	得分
安全文明生产	严格遵守实习生产操作规程 安全生产无事故	5	违反规程每一项扣 2 分 操作现场不整洁扣 2 分 离开工位扣 2 分	
职业素养	学习工作积极主动、准时守纪 团结协作精神好 踏实勤奋、严谨求实	5		

姓名:　　　　　学号:　　　　　合计得分:

知识链接

简易助听器实质上是一个三极管构成的多级音频放大器。这个多级放大电路是如何把声音放大的呢?下面我们就从三极管——基本共射放大电路来认识简易助听器的工作原理。

1. 认识三极管

三极管(Bipolar Junction Transistor,BJT),全称为半导体三极管,也称双极型晶体管、晶体三极管。它是一种固体半导体器件,可用于检波、整流、放大、开关、稳压、信号调制等。表 7.8 为常见的三极管实物图。

表 7.8　三极管图样

序号	类　型	图　　片	序号	类　型	图　　片
1	塑封三极管		2	金属封装三极管	

续表

序号	类 型	图 片	序号	类 型	图 片
3	一般功率三极管		5	贴片三极管	
4	大功率三极管		6	大功率三极管	

1) 三极管的结构、符号及类型

(1) 三极管的结构和符号。双极型三极管是在一块半导体基片上经过特殊工艺制成的两个护胃反向的 PN 结,两个 PN 结把整块半导体分成三部分,中间部分是基区,两侧部分是发射区和集电区,排列方式有 PNP 和 NPN 两种。根据结构不同,三极管可分为 PNP 型和 NPN 型两类。在电路图形符号上可以看出两种类型三极管的发射极箭头(代表集电极电流的方向)不同。PNP 型三极管的发射极箭头朝内,NPN 型三极管的发射极箭头朝外。从基区引出的电击称为基极 B,从发射极引出的电极称为发射极 E,从集电区引出的电极称为集电极 C。其中基极与发射极之间的 PN 结称为发射结,基极和集电极之间的 PN 结称为集电结。如图 7.6(a)所示,为三极管的结构。图 7.6(b)为三极管的符号,三极管的文字符号在国际标准中用 V、T 或者 VT 表示,符号中的箭头方向表示发射结正向偏置时的电流方向。三极管的材料有硅管和锗管之分,目前生产和使用最多的是硅管。

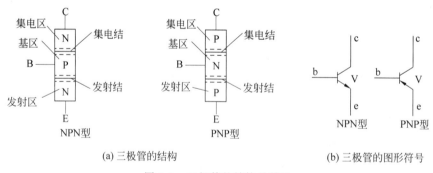

(a) 三极管的结构　　　　　　　　(b) 三极管的图形符号

图 7.6　三极管的结构及符号

为了保证三极管功能的实现,三极管在制作工艺上有三个特点:

- 发射区很小,但掺杂浓度高;
- 基区最薄且掺杂浓度最小(比发射区小 2～3 个数量级);
- 集电结面积最大,且集电区的掺杂浓度小于发射区的掺杂浓度。

三极管的分类方法很多,除可分为 NPN 型和 PNP 型之外;按使用的半导体材料不同,三极管可分为硅管和锗管;按工作频率不同,三极管可分为高频管和低频管。

注意:这三块半导体和 2 个 PN 结的工艺特殊,所以:不能简单理解成 2 个二极管的反向串联,集电结和发射结不能互换使用。

（2）三极管的类型。

- 按内部结构分：有 NPN 型和 PNP 型管。
- 按工作频率分：有低频和高频管。
- 按功率分：有小功率和大功率管。
- 按用途分：有普通管和开关管。
- 按半导体材料分：有锗管和硅管等等。

国产三极管命名法：3DG 表示高频小功率 NPN 型硅三极管；3CG 表示高频小功率 PNP 型硅三极管；3AK 表示 PNP 型开关锗三极管等。

2）三极管的基本连接方式

如图 7.7 所示,晶体三极管有三种基本连接方式：共发射极、共基极和共集电极接法。最常用的是共发射极接法。

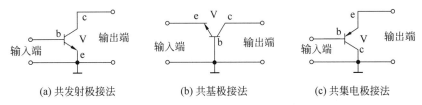

(a) 共发射极接法　　　(b) 共基极接法　　　(c) 共集电极接法

图 7.7　三极管在电路中的三种基本联接方式

3）三极管的输入输出特性

三极管是一种电流控制器件,电子和空穴同时参与导电。同场效应三极管相比,双极型三极管开关速度慢,输入阻抗小,功耗大。双极型三极管体积小、重量轻、耗电少、寿命长、可靠性高,已广泛用于广播、电视、通信、雷达、计算机、自控装置、电子仪器、家用电器等领域,起放大、振荡、开关等作用。

三极管的放大作用在于其能够控制能量的转换,将输入的任何微小变化不失真的放大输出。这里要注意的是,三极管只能对变化量进行放大,放大是模拟电路最基本的功能。

4）三极管电流放大分析

三极管能够正常放大信号的工作条件是：发射结加正向偏压,集电结加反向偏压。如图 7.8 所示为三极管 NPN 及 PNP 型的特性测试电路。V 为三极管,G_C 为集电极电源、G_B 称偏置电源,R_b 为基极电阻,R_c 为集电极电阻。

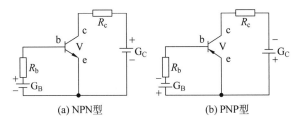

(a) NPN型　　　　　　　(b) PNP型

图 7.8　三极管特性测试电路

测量电路如图 7.9 所示,调节电位器 R_p,测得发射极电流 I_E、基极电流 I_B 和集电极电流 I_C 的对应数据如表 7.9 所示。

表 7.9 三极管电流放大作用测量数据

I_B/mA	0	0.01	0.02	0.03	0.04	0.05
I_C/mA	0.01	0.56	1.14	1.74	2.33	2.91
I_E/mA	0.01	0.57	1.16	1.77	2.37	2.96

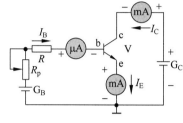

图 7.9 三极管测试电路

从表 7.9 的数据可以得出，$\dfrac{\Delta I_C}{\Delta I_B}=\dfrac{0.58\text{mA}}{0.01\text{mA}}=58$。

结论：

（1）基极电流微小变化，就能引起集电极电流 I_C 的较大变化，这种现象称为三极管的电流放大作用。

（2）晶体三极管是一种利用输入电流控制输出电流的电流控制型器件。其特点是管内有两种载流子参与导电。

（3）电流放大系数。

交流电流放大系数 β——三极管放大交流电流的能力

$$\beta=\frac{\Delta I_C}{\Delta I_B} \tag{7-1}$$

直流电流放大系数 $\bar\beta$——三极管放大直流电流的能力

$$\bar\beta=\frac{I_C}{I_B} \tag{7-2}$$

通常，$\bar\beta\approx\beta$，所以 $I_c=\bar\beta I_B$ 可表示为

$$I_c=\beta I_B \tag{7-3}$$

5）三极管的电流分配关系

由表 7.9 得出，三极管中电流分配关系如下：

$$I_E=I_C+I_B \tag{7-4}$$

因 I_B 很小，则 $I_E\approx I_C$

说明：

$I_E=0$ 时，$I_C=-I_B=I_{CBO}$。I_{CBO} 为集电极—基极反向饱和电流，见图 7.10(a)。一般 I_{CBO} 很小，与温度有关。

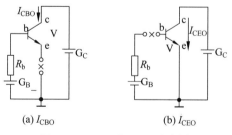

(a) I_{CBO}　　(b) I_{CEO}

图 7.10 I_{CBO} 和 I_{CEO} 示意图

$I_B=0$ 时，$I_C=I_E=I_{CEO}$。I_{CEO} 称为集电极—发射极反向电流，又叫穿透电流，见

图 7.10(b)。

I_{CEO} 越小,三极管温度稳定性越好。硅管的温度稳定性比锗管好。

6)三极管的输入和输出特性

(1)共发射极输入特性曲线。输入特性曲线:集射极之间的电压 V_{CE} 一定时,发射结电压 V_{BE} 与基极电流 I_B 之间的关系曲线,如图 7.11 所示。由该图可见:

- 当 $V_{CE} \geqslant 2V$ 时,特性曲线基本重合。
- 当 V_{BE} 很小时,I_B 等于零,三极管处于截止状;
- 当 V_{BE} 大于门槛电压(硅管约 0.5V,锗管约 0.2V),I_B 逐渐增大,三极管开始导通。
- 三极管导通后,V_{BE} 基本不变。硅管约为 0.7V,锗管约 0.3V。

V_{BE} 与 I_B 成非线性关系。

(2)晶体三极管的输出特性曲线。输出特性曲线:基极电流 I_B 一定时,集、射极之间的电压 V_{CE} 与集电极电流 I_C 的关系曲线,如图 7.12 所示。

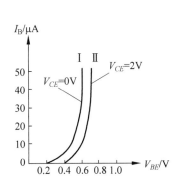

图 7.11 共发射极输入特性曲线

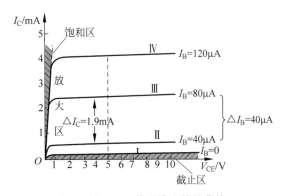

图 7.12 三极管的输出特性曲线

由图 7.12 可见:输出特性曲线可分为三个工作区。

- 截止区。

条件:发射结反偏或两端电压为零。

特点:$I_B = 0$,$I_C = I_{CEO}$。

- 饱和区。

条件:发射结和集电结均为正偏。

特点:$V_{CE} = V_{CES}$,V_{CES} 称为饱和管压降,小功率硅管约 0.3V,锗管约为 0.1V。

- 放大区。

条件:发射结正偏,集电结反偏。

特点:I_C 受 I_B 控制,即 $\Delta I_C = \beta I_B$。在放大状态,当 I_B 一定时,ΔI_C 不随 V_{CE} 变化,三极管的这种特性称为恒流特性。

7)三极管主要参数

三极管的参数是表征管子的性能和适用范围的参考数据。

(1)共发射极电流放大系数。

- 直流放大系数 $\bar{\beta}$。
- 交流放大系数 β。

电流放大系数一般在 $10\sim100$。太小,放大能力弱,太大易使管子性能不稳定。一般选 $30\sim80$ 为比较合适。

(2) 极间反向饱和电流。

- 集电极—基极反向饱和电流 I_{CBO}。
- 集电极—发射极反向饱和电流 I_{CEO}。

$$I_{CEO} = (1+\beta)I_{CBO} \tag{7-5}$$

反向饱和电流随温度增加而增加,是管子工作状态不稳定的主要因素。因此,常把它作为判断管子性能的重要依据。硅管反向饱和电流远小于锗管,在温度变化范围大的工作环境应选用硅管。

(3) 极限参数。

- 集电极最大允许电流 I_{CM}。三极管工作时,当集电极电流超过 I_{CM} 时,管子性能将显著下降,并有可能烧坏管子。
- 集电极最大允许耗散功率 P_{CM}。当管子集电结两端电压与通过电流的乘积超过此值时,管子性能变坏或烧毁。
- 反向击穿电压。集电极—发射极间反向击穿电压 $V_{(BR)CEO}$ 管子基极开路时,集电极和发射极之间的最大允许电压。当电压越过此值时,管子将发生电压击穿,若电击穿导致热击穿会损坏管子。

8) 基本共射放大电路分析

(1) 放大的概念。放大电路(亦称放大器)是一种应用极为广泛的电子电路。在电视、广播、通信、测量仪表以及其他各种电子设备中,是必不可少的重要组成部分。它的主要功能是将微弱的电信号(电压、电流、功率)进行放大,以满足人们的实际需要。例如扩音机就是应用放大电路的一个典型例子。如图 7.13 所示,从话筒得到的信号很微弱,必须经过放大才能驱动扬声器发出声音,放大必须满足以下前提。

- 放大对象是变化量。
- 放大后不能产生失真。

图 7.13　音频放大电路组成框图

当人们对着话筒讲话时,声音信号经过话筒(传感器)被转变成微弱的电信号,经放大电路放大成足够强的电信号后,才能驱动扬声器,使其发出比原来大得多的声音。放大电路放大的实质是能量的控制和转换。在输入信号作用下,放大电路将直流电源所提供的能量转换成负载(例如扬声器)所获得的能量,这个能量大于信号源所提供的能量。因此放大电路的基本特征是功率放大,即负载上总是获得比输入信号大得多的电压或电流信号,也可能兼而有之。那么,由谁来控制能量转换呢?答案是有源器件,即三极管和场效应管等。

(2) 放大电路的性能指标。任何一个放大电路都可以看成一个二端网络。图 7.14 为放大电路示意图,左边为输入端口,外接正弦信号源 $\dot{U}_S$,R_S 为信号源的内阻,在外加信号的作用下,放大电路得到输入电压$\dot{U}_i$,同时产生输入电流$\dot{I}_i$;右边为输出端口,外接负载R_L,在输出端可得到输出电压$\dot{U}_0$,输出电流$\dot{I}_0$。

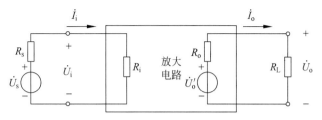

图 7.14　放大电路示意图

- 放大倍数。放大倍数是衡量放大电路放大能力的重要指标。电压放大倍数是输出电压的变化量和输入电压的变化量之比。当放大电路的输入为正弦信号时,变化量也可用电压的正弦量来表示,即

$$\dot{A}_{uu} = \dot{A}_u = \frac{\dot{U}_0}{\dot{U}_i}\text{。}$$

电流放大倍数是输出电流的变化量和输入电流的变化量之比,用正弦量表示为

$$\dot{A}_{ii} = \dot{A}_i = \frac{\dot{I}_0}{\dot{I}_i}\text{。}$$

互阻放大倍数是输出电压的变化量和输入电流的变化量之比,其量纲为电阻,用正弦量表示为

$$\dot{A}_{ui} = \frac{\dot{U}_0}{\dot{I}_i}\text{。}$$

互导放大倍数是输出电流的变化量和输入电压的变化量之比,其量纲为电导,用正弦量表示为

$$\dot{A}_{iu} = \frac{\dot{I}_0}{\dot{I}_i}\text{。}$$

- 输入电阻r_i。放大电路一定要有前级(信号源)为其提供信号,那么就要从信号源取电流。输入电阻是衡量放大电路从其前级取电流大小的参数。输入电阻越大,从其前级取得的电流越小,对前级的影响越小。如图 7.15 所示为输入电阻等效图,输入电阻表示为

$$r_i = \frac{\dot{U}_i}{\dot{I}_i},$$

- 输出电阻r_0。放大电路对其负载而言,相当于信号源,我们可以将它等效为戴维南等效电路,这个戴维南等效电路的内阻就是输出电阻。

$$r_0 = \frac{\dot{U}}{\dot{I}}\Bigg|_{\substack{\dot{U}_s=0 \\ R_L=\infty}}$$

- 通频带。当放大倍数从 $\dot{A}_m$ 下降到 $\dot{A}_m/\sqrt{2}$（即 $0.707\dot{A}_m$）时，在高频段和低频段所对应的频率分别称为上限截止频率 f_H 和下限截止频率 f_L。f_H 和 f_L 之间形成的频带宽度称为通频带，记为 f_{BW}，如图 7.16 所示。

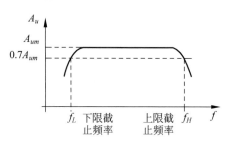

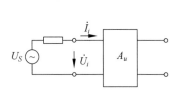

图 7.15　四端口网络图

图 7.16　幅频特性曲线

通频带越宽表明放大电路对不同频率信号的适应能力越强。但是通频带宽度也不是越宽越好，超出信号所需要的宽度，一是增加成本，二是把信号以外的干扰和噪声信号一起放大，显然是无益的。所以应根据信号的频带宽度来要求放大电路应有的通频带。

- 非线性失真系数。由于放大器件具有非线性特性，因此它们的线性放大范围有一定的限度，超过这个限度，将会产生非线性失真。当输入单一频率的正弦信号时，输出波形中除基波成分外，还含有一定数量的谐波，所有的谐波成分总量与基波成分之比，称为非线性失真系数 D。设基波幅值为 A_1、二次谐波幅值为 A_2、三次谐波幅值为 A_3，则

$$D = \sqrt{\left(\frac{A_2}{A_1}\right)^2 + \left(\frac{A_3}{A_2}\right)^2 + \cdots} \tag{7-6}$$

- 最大不失真输出电压。最大不失真输出电压是指在输出波形不失真的情况下，放大电路可提供给负载的最大输出电压。一般用有效值表示 U_{om}。
- 最大输出功率和效率。最大输出功率是指在输出信号不失真的情况下，负载上能获得的最大功率，记为 P_{om}。在放大电路中，输入信号的功率通常较小，经放大电路放大器件的控制作用将直流电源的功率转换为交流功率，使负载上得到较大的输出功率。通常将最大输出功率 P_{om} 与直流电源消耗的功率 P_V 之比称为效率 η，即 $\eta = \dfrac{P_{om}}{P_V}$，它反映了直流电源的利用率。

（3）放大电路构成。如图 7.17 所示为晶体三极管共发射极基本放大电路，放大电路中，输入交流信号 u_i 通电容 C_1 的耦合送到三极管的基极和发射极。电源 V_{BB} 通过偏置电阻 R_b 提供 V_{BE}，使 $V_{BE} \geqslant V_{on}$ 且有合适的 I_B，基—射极间电压为交流信号 v_i 与直流电压 V_{BE} 的叠加，使基极电流 i_B 产生相应的变化。画电路图时，往往省略电源的图形符号，而

用其电位的极性及数值来表示,图 7.17 中 V_{CC} 表示该点接电池或直流电源的正极,而电源的负极就接在电位为零的公共端"⊥"上。V_{CC} 的作用使 $V_{CE}>V_{BE}$,同时作为负载的能源。集电极电阻 R_c 将变化的电流转变为变化的电压。耦合电容 C_1 为电解电容,有极性。C_2 作用:隔离输入输出与电路直流的联系,同时能使信号顺利输入输出。动态型号作用时:$u_i \rightarrow i_b \rightarrow i_c \rightarrow \Delta i_{Rc} \rightarrow \Delta u_{CE}(u_0)$。

在放大电路中,既有直流分量又有交流分量,大写字母、大写下标,表示直流量,例 V_{CE}。小写字母、大写下标,表示全量(直流分量与交流分量的叠加),例 Δu_{CE}。小写字母、小写下标,表示交流分量,例 v_i。通常共发射极基本放大电路可以将 V_{BB} 去掉,简化为图 7.18 所示。

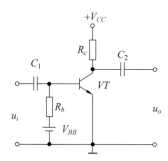 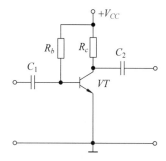

图 7.17　共发射极基本放大电路　　图 7.18　共发射极基本放大电路(单电源供电电路)

放大电路各点的波形如图 7.19 所示。当输入电路中同时有交流分量和直流分量时,放大电路处于工作状态,基极电流、集电极电流、集电极-发射极电压都为全分量,此时输入电压与输入电压为反相。

(4) 静态工作点的设置。

- 静态工作点的确定。当外加输入信号为零时,放大电路处于直流工作状态或静止状态,简称静态。此时,在直流电源 V_{CC} 的作用下,三极管的各电极都存在直流电流和直流电压,这些直流电流和直流电压在三极管的输入和输出特性曲线上各自对应一点 Q,该点称为静态工作点。静态工作点处的基极电流、基极与发射极之间的电压分别用 I_{BQ}、V_{BEQ} 表示,集电极电流、集电极与发射极之间的电压分别用 I_{CQ}、V_{CEQ} 表示。如图 7.20 所示,Q 为静态工作点。直流通路可求得静态基极电流为

$$I_{BQ} = \frac{V_{CC} - V_{BEQ}}{R_b} \tag{7-7}$$

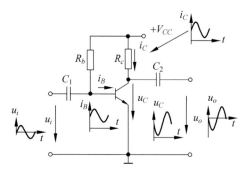 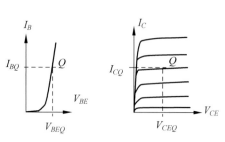

图 7.19　放大电路各点波形图　　　　图 7.20　静态工作点的确定

在近似估算中常认为 V_{BEQ} 为已知量,硅管可近似为 $V_{BEQ} = (0.6 \sim 0.8)\text{V}$,锗管可近似为 $V_{BEQ} = (0.1 \sim 0.3)\text{V}$。已知三极管的集电极电流与基极电流之间的关系为 $I_c = \overline{\beta} I_B$,$\overline{\beta} \approx \beta$。则静态工作点 Q 的集电极电流

$$I_{CQ} = \beta I_{BQ} \tag{7-8}$$

集电极与发射极之间的电压为

$$V_{CEQ} = V_{CC} - I_{CQ} Rc \tag{7-9}$$

为什么要设置静态工作点?解决失真问题。

假设不设静态工作点的放大电路,电阻 R_b 去掉,当在输入端加入正弦交流电压信号时,由于三极管的发射结的单向导电作用,在输入信号的负半周发射结反向偏置,三极管截止,基极电流和集电极电流均为零,使基极电输出端没有输出。在输入信号的正半周,由于输入特性存在导通电压且在起始处弯曲流不能马上按比例地随输入电压的大小而变化,导致输出信号失真。因此放大电路中必须设置静态工作点,即在没有输入信号时,就预先给三极管一个基极直流电流,使三极管发射结有一个正向偏置电压,当加入交流信号后,交流电压叠加在直流电压上,共同作用于发射结,如果基极电流选择适当,可保证加在发射结上的电压始终为正,三极管一直工作在线性放大状态,不会使输出波形失真。此外,静态工作点的设置不仅会影响放大电路是否会产生失真,还会影响放大电路的性能指标,如放大倍数、最大输出电压。失真分为饱和失真和截止失真,饱和失真指的是三极管因 Q 点过高,出现的失真。当 Q 点过高时,虽然基极动态电流为不失真的正弦波,但是由于输入信号正半周靠近峰值的某段时间内三极管进入饱和区,导致集电极动态电流产生顶部失真,集电极电阻上的电压波形随之产生同样的失真。由于输出电压与集电极电阻上的电压变化相位相反,从而导致输出波形产生底部失真。如图 7.21(a)所示。截止失真指的是由三极管截止造成的失真,当 Q 点过低时,在输入信号负半周靠近峰值的某段时间内,三极管 b-e 间电压总量小于其开启电压,此时,三极管截止,因此,基极电流将产生顶部失真,即截止失真。如图 7.21(b)所示。

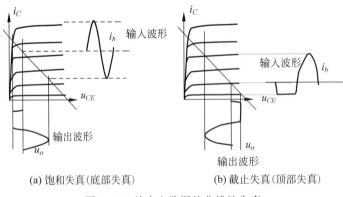

(a) 饱和失真(底部失真)　　(b) 截止失真(顶部失真)

图 7.21　放大电路图的非线性失真

- 静态工作点的稳定。为了保证放大电路的稳定工作,必须有合适的、稳定的静态工作点。但是,温度的变化严重影响静态工作点。对于前面的电路(固定偏置电路)而言,静态工作点由 V_{BE}、β 和 I_{CE} 决定,这三个参数随温度而变化,温度对静态工作

点的影响主要体现在这一方面。首先温度升高会导致三极管的输入特性曲线左移，如图 7.22(a)所示，$T\uparrow \to V_{BE}\downarrow \to I_B\uparrow \to I_C\uparrow$。同时，$T\uparrow \to \beta、I_{CE}\uparrow \to I_C\uparrow$，如图 7.22(b)所示，温度上升，输出特性群上移，造成 Q 点上移。

固定偏置电路的 Q 点是不稳定的。Q 点不稳定可能会导致静态工作点靠近饱和区或截止区，从而导致失真。为此，需要改进偏置电路，当温度升高、I_C 增加时，能够自动减少 I_B，从而抑制 Q 点的变化。保持 Q 点基本稳定。常采用分压式偏置电路来稳定静态工作点。电路如图 7.23 所示。电路稳压的过程实际是由于加了 R_e 形成了负反馈过程 $T\uparrow \to I_C\uparrow \to V_E\uparrow \to V_{BE}\downarrow \to I_C\downarrow \to I_B\downarrow$，属于直流负反馈。

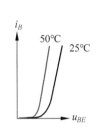

(a) 三极管的输入特性曲线　　(b) 三极管的输出特性曲线

图 7.22　温度对静态工作点的影响

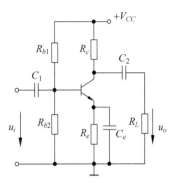

图 7.23　分压式偏置电路

(5) 放大电路的组成原则。

- 三极管必须偏置在放大区。发射结正偏，集电结反偏。
- 正确设置静态工作点，合适的直流电源、合适的电路参数，使整个波形处于放大区。
- 动态信号能够作用于三极管的输入回路，在负载上能够获得放大了的动态信号。
- 输出回路将变化的集电极电流转化成变化的集电极电压，负载上无直流分量，经电容滤波只输出交流信号。

思考：如何判断一个电路是否实现放大？

- 信号能否输入到放大电路中。
- 信号能否输出。
- 三极管必须偏置在放大区。发射结正偏，集电结反偏。
- 正确设置静态工作点，使整个波形处于放大区。如果已给定电路的参数，则计算静态工作点来判断；如果未给定电路的参数，则假定参数设置正确。

【例 7-1】　求图 7.17 的静态工作点。已知 $V_{CC}=12\mathrm{V}$，$R_C=4\mathrm{k}\Omega$，$R_b=300\mathrm{k}\Omega$，$\beta=37.5$。

解：

根据直流通道估算 I_{BQ}：

$$I_{BQ}=\frac{V_{CC}-V_{BE}}{R_b}\approx \frac{V_{CC}-0.7}{R_b}\approx \frac{V_{CC}}{R_b}=0.04\mathrm{mA}$$

根据直流通道估算 V_{CEQ}、I_{CQ}

$$I_{CQ}\approx \beta I_B=1.5\mathrm{mA}$$

$$V_{CEQ} = V_{CC} - I_C R_C = 6\text{V}$$

2. 多级放大电路分析

1）电子电路的一般组成方式

在实际应用中，要把一个微弱的信号放大几千倍或几万倍甚至更大，仅靠单级放大器是不够的，通常需要把若干单级放大器连接起来，将信号进行逐级放大。多级放大电路的组成框图如图 7.24 所示，多级放大电路由输入级、中间级及输出级三部分组成。对于多级放大电路，其通频带与组成它的任何一级单级放大电路相比窄。

图 7.24　多级放大电路组成框图

2）多级放大电路的级间耦合方式

一级：组成多级放大电路的每一个基本放大电路称为一级。级间耦合：级与级之间的连接称为级间耦合。多级放大电路的耦合方式：阻容耦合、直接耦合、变压器耦合和光电耦合。这里对比阻容耦合、直接耦合、变压器耦合的优缺点。

（1）阻容耦合。将放大电路的前级输出端通过电容接到后级输入端，称为阻容耦合方式。

优点：各级静态工作点互不影响，非常有利于放大器的设计、调试和维修。

电路的体积小、重量轻。

缺点：不适合传递变化缓慢的型号，其低频特性不太好。

耦合电容较大，无法集成化。

（2）变压器耦合。将放大电路前级的输出端通过变压器接到后级的输入端或负载电阻上，称为变压器耦合。

优点：各级静态工作点互不影响，能实现电压、电流和阻抗的变换。

缺点：体积大，成本高，不能实现集成化，频率特性不好。

（3）直接耦合。将前一级的输出端直接连接到后一级的输入端，称为直接耦合。

优点：频率特性最好，易于集成，广泛用于集成发大电路。

缺点：各级静态工作点互相影响，存在零漂现象。

注意：零漂现象是指当电路的环境温度变化时，前几放大器直流工作点的变化会传递到下一级，而下一级会把它当作信号加以放大，这种情况叫温度漂移（简称温漂），又称为零点漂移。

3）电压放大倍数的确定

总电压放大倍数等于各级电压放大配属的乘积，即

$$\dot{A}_u = \dot{A}_{u1} \cdot \dot{A}_{u2} \cdot \cdots \cdot \dot{A}_{un} \tag{7-10}$$

3. 简易助听器工作原理

简易助听器电路原理图如图 7.3 所示，它实质上是由 3 个三极管构成的多级音频放大器。V_{T_1} 与外围阻容元件组成了典型的阻容耦合放大电路，担任前置音频电压放大；V_{T_2}、

V_{T_3} 组成了两级直接耦合式功率放大电路。驻极体话筒接收到声波信号后,声音震动带动电容的一个极板,极板的震动改变两极板间距离,改变电容量,极板上电荷量改变,电荷量随时间变化再形成电流,输出相应的微弱电信号。该信号经电容器 C_3 耦合到 V_{T_1} 的基极进行放大,放大后的信号由其集电极输出,再经 C_3 耦合到 V_{T_2} 进行第二级放大,最后经由 V_{T_3} 输出,通过插孔送到耳塞放音。

前两级为电压并联负反馈电路,起到稳定静态工作点的作用。以第一级为例,$V_{CE1}\uparrow\rightarrow$ $V_{R2}\uparrow\rightarrow I_{B1}\uparrow\rightarrow I_{C1}\uparrow\rightarrow V_{RP}\uparrow\rightarrow V_{CE1}\downarrow$,反之亦然。

交流信号通路:轻轻的声音→小话筒 BM→微弱电信号→C_2→V_{T_1} 第一级→C_3→V_{T_2} 第二级→V_{T_3} 第三级→BE 获得放大的声音。

电路中 C_1 为旁路电容器,其主要作用是旁路电信号中的各种谐波成分,以改善耳塞的音质。C_2 为滤波电容器,主要用来减小电池的交流内阻(实际上为整机音频电流提供良好通路),可有效防止电池快报废时电路产生的自激振荡,并使耳塞机发出的声音更加清晰流畅。该助听器具有以下特点:频响宽、灵敏度高、非线性失真小、瞬态响应好,是电声特性最好的一种话筒。防潮性差,机械强度低。

习题

1. 选择题

(1) 三极管能够放大的外部条件是_____。
　　A. 发射结正偏,集电结正偏
　　B. 发射结反偏,集电结反偏
　　C. 发射结正偏,集电结反偏

(2) 当三极管工作于饱和状态时,其_____。
　　A. 发射结正偏,集电结正偏
　　B. 发射结反偏,集电结反偏
　　C. 发射结正偏,集电结反偏

(3) 对于硅三极管来说其死区电压约为_____。
　　A. 0.1V　　　　　　B. 0.5V　　　　　　C. 0.7V

(4) 锗三极管的导通压降 V_{BE} 约为_____。
　　A. 0.1V　　　　　　B. 0.3V　　　　　　C. 0.5V

(5) 测得三极管 3 个电极的静态电流分别为 0.06mA,3.66mA 和 3.6mA 。则该管的 β 为_____。
　　A. 40　　　　　　　B. 50　　　　　　　C. 60

(6) 反向饱和电流越小,三极管的稳定性能_____。
　　A. 越好　　　　　　B. 越差　　　　　　C. 无变化

(7) 与锗三极管相比,硅三极管的温度稳定性能_____。
　　A. 高　　　　　　　B. 低　　　　　　　C. 一样

(8) 温度升高,三极管的电流放大系数_____。

A. 增大　　　　　　　B. 减小　　　　　　C. 不变

(9) 温度升高,三极管的管压降 V_{BE} _____。

A. 升高　　　　　　　B. 降低　　　　　　C. 不变

(10) 对 PNP 型三极管来说,当其工作于放大状态时,_____ 极的电位最低。

A. 发射极　　　　　　B. 基极　　　　　　C. 集电极

(11) 温度升高,三极管输入特性曲线_____。

A. 右移　　　　　　　B. 左移　　　　　　C. 不变

(12) 温度升高,三极管输出特性曲线_____。

A. 上移　　　　　　　B. 下移　　　　　　C. 不变

(13) 温度升高,三极管输出特性曲线间隔_____。

A. 不变　　　　　　　B. 减小　　　　　　C. 增大

(14) 三极管共射极电流放大系数 β 与集电极电流 I_c 的关系是_____。

A. 两者无关　　　　　B. 有关　　　　　　C. 无法判断

(15) 对于电压放大器来说,_____越小,电路的带负载能力越强。

A. 输入电阻　　　　　B. 输出　　　　　　C. 电压放大倍数

(16) 测得三极管 3 个电极对地的电压分别为 −2V、−8V、−2.2V,则该管为 _____。

A. NPN 型锗管　　　B. PNP 型锗管　　　C. PNP 型硅管

(17) 测得三极管三个电极对地的电压分别为 2V、6V、−2.2V,则该管 _____。

A. 处于饱和状态　　B. 放大状态　　　　C. 截止状态　　　　D. 已损坏

(18) 在单级共射放大电路中,若输入电压为正弦波形,则输出与输入电压的相位_____。

A. 同相　　　　　　　B. 反相　　　　　　C. 相差 90 度

(19) 在单级共射放大电路中,若输入电压为正弦波形,而输出波形则出现了底部被削平的现象,这种失真是_____ 失真。

A. 饱和　　　　　　　B. 截止　　　　　　C. 饱和和截止

(20) 引起上级放大电路输出波形失真的主要原因是_____。

A. 输入电阻太小　　B. 静态工作点偏低　C. 静态工作点偏高

(21) 引起放大电路静态工作不稳定的主要因素是_____。

A. 三极管的电流放大系数太大　　　　　B. 电源电压太高

C. 三极管参数随环境温度的变化而变化

(22) 在放大电路中,直流负反馈可以_____。

A. 提高三极管电流放大倍数的稳定性　　B. 提高放大电路的放大倍数

C. 稳定电路的静态工作点

(23) 在多级放大电路中,即能放大直流信号,又能放大交流信号的是_____多级放大电路。

A. 阻容耦合　　　　　B. 变压器耦合　　　C. 直接耦合

(24) 直接耦合式多级放大电路与阻容耦合式(或变压器耦合式)多级放大电路相比,低频响应_____。

A. 好   B. 差   C. 相同

（25）在多级放大电路中，不能抑制零点漂移的 _____ 多级放大电路。

     A. 阻容耦合   B. 变压器耦合   C. 直接耦合

（26）若三级放大电路的 $A_{u1} = A_{u2} = 30$dB，$A_{u3} = 20$dB，电路将输入信号放大了 _____ 倍。

     A. 80   B. 800   C. 10000

（27）有两个性能完全相同的放大器，其开路电压增益为 20dB，$R_i = 2$kΩ，$R_o = 3$kΩ。现将两个放大器级联构成两级放大器，则开路电压增益为 _____。

     A. 40dB   B. 32dB   C. 16dB

（28）放大电路的两种失真分别为 _____ 失真。

     A. 线性和非线性   B. 饱和和截止   C. 幅度和相位

（29）直接耦合多级放大电路与阻容耦合（或变压器耦合）多级放大电路相比，低频响应 _____。

     A. 差   B. 好   C. 差不多

（30）对于多级放大电路，其通频带与组成它的任何一级单级放大电路相比 _____。

     A. 变宽   B. 变窄   C. 两者一样

2．判断题

（1）只有电路既放大电流又放大电压，才称其有放大作用。（   ）

（2）放大电路中输出的电流和电压都是由有源元件提供的。（   ）

（3）电路中各电量的交流成份是交流信号源提供的。（   ）

（4）放大电路必须加上合适的直流电源才能正常工作。（   ）

（5）由于放大的对象是变化量，所以当输入信号为直流信号时，任何放大电路的输出都毫无变化。（   ）

（6）只要是共射放大电路，输出电压的底部失真都是饱和失真。（   ）

項目 **8**

三人表决器的装配与调试

总体学习目标

- 能正确识读电路原理图,分析三人表决器电路的工作原理
- 能列出电路所需的电子元器件清单
- 能对电子元器件进行识别与检测
- 能正确使用锡焊工具,正确安装三人表决器
- 能正确使用仪器仪表调试电路
- 能自检、互检,判断产品是否合格
- 能按照生产现场管理标准,进行安全文明生产

项目描述

本项目通过较为简单的电子产品——三人表决器来学习数字电路中的组合逻辑电路。三人表决器常用于比赛评委,比赛结果为少数服从多数。也就是说,三名评委的评判决定选手的"淘汰"或者"晋级"。当有两人或两人以上同意晋级时,该选手晋级,否则则淘汰。三人表决器就具有这一功能。实现方式有多种,本项目采用最常用的与非门,74LS00 和 74LS10 这两个集成电路(IC)作核心元器件来制作三人表决器。

图 8.1 为三人表决器的电路原理图,图 8.2 为本项目安装完成的成品。现需要制作一

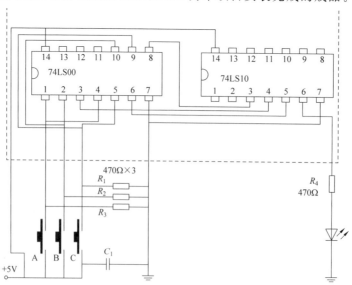

图 8.1 三人表决器电路原理图

图 8.2　三人表决器

批三人投票器,研发人员已经以 74LS00、74LS10 芯片为主体设计出一款能够满足三人投票表决的逻辑电路,用于晋级比赛中三位评委打分,遵循少数服从多数原则,当评委中有两人或两人以上通过时,选手就通过晋级,该公司将具体制作及测试任务交给同学们,大家需要根据研发人员设计的图纸和印制电路板制作一个三人表决电路。

任务 1　三人表决器的装配

学习目标

- 能按照任务要求完成相关元器件的检测
- 能正确识读装配图
- 能按照锡焊工艺完成三人表决器的安装
- 能理解三人表决器的工作原理

子任务 1　元器件清单的制定

要求:根据三人表决器电路原理图,在印制电路板焊接和产品安装前,应正确无误地填写完成元件清单表 8.1。

表 8.1　三人表决器元器件清单

序号	元件名称	规格或型号	编号或作用	数量	配分	评分标准	得分
1						有一项填错,则该项不得分	
2						有一项填错,则该项不得分	
3						有一项填错,则该项不得分	
4						有一项填错,则该项不得分	
5						有一项填错,则该项不得分	
6						有一项填错,则该项不得分	
子任务 1 得分							

子任务 2　元器件的检测

要求：根据元件清单表，按照电子元器件检验标准，正确检测元器件，把检测结果填入表8.2中。

表 8.2　元器件检测明细表

元器件		识别及检测内容			配分	评分标准	得分
电阻器		标称值（含误差）	测量值	测量挡位	每支1分 共计4分 与非门3	错1项，该电阻不得分	
	R1						
	R2						
	R3						
	R4						
电容器		标称值	介质分类	质量判定	每支1分 共计1分	错1项，该电容不得分	
发光二极管	LED	是否发光	测量挡位	质量判断	每支1分 共计1分	测试错误该项不得分	
按钮		常开触点	测量挡位	质量判断	每支1分 共计3分	测试错误该项不得分	
	S1						
	S2						
	S3						
集成芯片	74LS00	画出管脚示意图	质量判断				
	74LS10	画出管脚示意图	质量判断				
子任务2得分							

子任务 3　三人表决器的装配

根据给出的三人表决器装配图，将检测好的元器件准确地焊接在提供的印制电路板上。

要求：在印制电路板上所焊接的元器件的焊点大小适中、光滑、圆润、干净、无毛刺，无漏、假、虚、连焊，引脚加工尺寸及成形符合工艺要求；导线长度、剥线头长度符合工艺要求，芯线完好，捻线头镀锡。三人表决器装配完成后，对照表8.3进行三人表决器成品的外观检查。

表 8.3 三人表决器外观检测表

内容	考核要求	配分	评分标准	得分
元器件	元器件应无裂纹、变形、脱漆、损坏。 元器件上标识能清晰辨认	3分	一个元器件不符合扣0.5分	
电路板	应无堆锡过多,渗到反面,产生短路现象 线路板不能出现焊盘脱落 同一类元件,在印制电路板上高度应一致	3分	一处不合格扣0.5分	
焊接	不能出现剪坏的焊点 不能出现错焊、虚焊、脱焊、漏焊、焊锡搭接、焊接点拉尖 元器件应按照装配图正确安装在焊盘上 接线牢固、规范	5分	一处不合格扣0.5分	
子任务 3 得分				

三人表决器装配完成,验收合格后方能进入任务 2。

任务 2　三人表决器的调试

学习目标

- 能按照任务要求完成三人表决器首次通电检测
- 能解说三人表决器的工作原理
- 能使用万用表和示波器检测三人表决器

任务描述

完成三人表决器的外观检测后,外观合格的产品进行通电检测,测试其功能是否完好。检测步骤和内容按如下进行测量与调试。

子任务 1　表决器功能检测

该项计 10 分,有放大功能得分,否则不得分。

三人表决器外观检测合格后,通电测试,注意电源电压为 5V 直流电,不可给电路板高于 5V 的电压,否则烧坏芯片。通电正常后,按下按钮观察 LED 的状态,当按下一个按钮或者不按按钮时,发光二极管不发光,当按下任意 2 个按钮或按下 3 个按钮时,发光二极管发光。

子任务 2　电路逻辑测量

该项计 30 分,其中输入栏代表三位裁判对应的三个按钮状态,当同意时按下对应的按钮,值为 1。请用万用表测量 74LS00 芯片与 74LS10 芯片各管脚的电平值,高电平填写 1,低电平填写 0。74LS00 与 74LS10 的管脚图见图 8.18 四 2 输入与非门芯片(74LS00)及图

8.19 三 3 输入与非门芯片(74LS10)。测量时,观察 LED 灯的状态,填写亮或不亮。将测量及观察结果填入表 8.4 中。

测量时注意事项,表笔或探头要采取防滑措施。因任何瞬间短路都容易损坏集成电路。可采取如下方法防止表笔滑动:取一段自行车用气门芯套在表笔尖上,或者用绝缘胶布缠住表笔尖,漏出表笔尖约 0.5mm 左右,这既能使表笔尖良好地与被测试点接触,又能有效防止打滑,即使碰上邻近点也不会短路。

万用表挡位:

表 8.4　电路逻辑测量表

输入			74LS00 芯片									74LS10 芯片				
A	B	C	1A	1B	1Y	2A	2B	2Y	3A	3B	3Y	2A	2B	2C	2Y	LED
S1	S2	S3	1 脚	2 脚	3 脚	4 脚	5 脚	6 脚	9 脚	10 脚	8 脚	3 脚	4 脚	5 脚	6 脚	
0	0	0														
0	0	1														
0	1	0														
0	1	1														
1	0	0														
1	0	1														
1	1	0														
1	1	1														

评价与考核

根据任务 1、任务 2 与安全文明生产的考核结果,给予综合评价。

表 8.5　安全文明生产评价标准

内容	考核要求	配分	评分标准	得分
安全文明生产	严格遵守实习生产操作规程 安全生产无事故	5	违反规程每一项扣 2 分 操作现场不整洁扣 2 分 离开工位扣 2 分	
职业素养	学习工作积极主动、准时守纪 团结协作精神好 踏实勤奋、严谨求实	5		

姓名:　　　　　学号:　　　　　合计得分:

知识链接

由于自然界中的各种信号,例如光、电、声、振动、压力、温度等通常表现为在时间和幅度上都是连续的模拟信号,所以传统上对信号的处理大都采用模拟系统(或电路)来实现。随着人们对信号处理要求的日益提高,以及模拟信号处理中一些不可克服的缺点,对信号的许多处理转而采用数字的方法来进行。近年来由于大规模集成电路和计算机技术的进步,信号的数字处理技术得到了飞速发展。数字信号处理系统无论在性能、可靠性、体积、耗电量、成本等诸多方面都比模拟信号处理系统优越得多,使得许多以往采用模拟信号处理的系统越来越多地被数字处理系统所代替,进一步促进了数字信号处理技术的发展,其应用领域包括通信、计算机网络、雷达、自动控制、地球物理、声学、天文、生物医学、消费类电子产品等国民经济的各个部门,已经成为信息产业的核心技术之一。比如平时用到的手机、MP3、计算机等产品,均是基于数字信号处理基础上的数字化产品,而数显电容计中所用的也均为各种集成数字电路,接下来先来认识一下数字信号。

三人表决器实质上是一个由 74LS00 和 74LS10 这两个与非门集成电路组成的数字电路。要想明白这个数字电路是怎么工作的,接下里就从数字信号、逻辑门电路、组合逻辑门电路以及集成电路这几个方面展开学习。

1. 数字电路概述

1) 数字电路及其特点

电子线路中的电信号有两大类:模拟信号和数字信号。

(1) 概念。

模拟信号:在数值上和时间上都是连续变化的信号,利用对象的一些物理属性来表达、传递信息。例如,非液体气压表利用指针螺旋位置来表达压强信息。在电学中,电压是模拟信号最普遍的物理媒介,除此之外,频率、电流和电荷也可以被用来表达模拟信号。任何的信息都可以用模拟信号来表达。这里的信号常常指物理现象中被测量对变化的响应,例如声音、光、温度、位移、压强,这些物理量可以使用传感器测量。模拟信号中,不同的时间点位置的信号值可以是连续变化的。信号波形模拟随着信息的变化而变化,模拟信号其特点是幅度连续(连续的含义是在某一取值范围内可以取无限多个数值)。模拟信号,其信号波形在时间上也是连续的,因此它又是连续信号。模拟信号按一定的时间间隔 T 抽样后的抽样信号,由于其波形在时间上是离散的,但此信号的幅度仍然是连续的,所以仍然是模拟信号。电话、传真、电视信号都是模拟信号。信号抽样后时间离散,但辐值不离散。常见的抽样信号是周期矩形脉冲和周期冲激脉冲抽样。模拟信号在整个时间轴上都是有定义的,在"没有幅值"的区域的意义是幅值为零。而离散时间信号只在离散时刻上才有定义,其他地方没有定义,和幅值为零是不同概念,这两种信号在时间轴看上去很相似,其实是以不同类型的系统为基础的两种有本质区别的信号。直观地说,离散时间信号的横轴可以认为已经不代表时间了。

数字信号:在数值上和时间上不连续变化的信号,指自变量是离散的、因变量也是离散的信号,这种信号的自变量用整数表示,因变量用有限数字中的一个数字来表示。在计算机中,数字信号的大小常用有限位的二进制数表示,例如,字长为 2 位的二进制数可表示 4 种大小的数字信号,它们是 00、01、10 和 11;若信号的变化范围在 $-1 \sim 1$,则这 4 个二进制数可表示 4 段数字范围,即 $[-1, -0.5)$、$[-0.5, 0)$、$[0, 0.5)$ 和 $[0.5, 1]$。

由于数字信号是用两种物理状态来表示 0 和 1 的,故其抵抗材料本身干扰和环境干扰的能力都比模拟信号强很多;在现代技术的信号处理中,数字信号发挥的作用越来越大,几乎复杂的信号处理都离不开数字信号;或者说,只要能把解决问题的方法用数学公式表示,就能用计算机来处理代表物理量的数字信号。在数字电路中,由于数字信号只有 0、1 两个状态,它的值是通过中央值来判断的,在中央值以下规定为 0,以上规定为 1,所以即使混入了其他干扰信号,只要干扰信号的值不超过阈值范围,就可以再现出原来的信号。即使因干扰信号的值超过阈值范围而出现了误码,只要采用一定的编码技术,也很容易将出错的信号检测出来并加以纠正。因此,与模拟信号相比,数字信号在传输过程中具有更高的抗干扰能力,更远的传输距离,且失真幅度小。数字信号在传输过程中不仅具有较高的抗干扰性,还可以通过压缩,占用较少的带宽,实现在相同的带宽内传输更多、更高音频、视频等数字信号的效果。此外,数字信号还可用半导体存储器来存储,并可直接用于计算机处理。若将电话、传真、电视所处理的音频、文本、视频等数据及其他各种不同形式的信号都转换成数字脉冲来传输,还有利于组成统一的通信网。正因为数字信号具有上述突出的优点,它已经取得了十分广泛的应用。从原始信号转换到数字信号一般要经历抽样、量化和编码这三个过程。抽样是指每隔一小段时间,取原始信号的一个值。间隔时间越短,单位时间内取的样值也越多,这样取出的一组样本值也就越接近原来的信号。抽样以后要进行量化,正如我们常常把成绩 80~100 分以上归为优,60~79 分归为及格,60 分以下归为不及格一样,量化就是把取出的各种各样的样本值仅用我们指定的若干个值来表示。在上面的成绩"量化"中,我们就是把 0~100 分仅用三个度"优""及格""不及格"来量化。最后就是编码,把量化后的值分别编成仅由 0 和 1 这两个数字组成的序列,由脉冲信号发生器生成相应的数字信号,这样就可以用数字信号进行传送了。

数字信号的优点很多,首先是它抗干扰的能力特别强,它不但可以用于通信技术,而且还可以用于信息处理技术,时髦的高保真音响、高清晰度电视、VCD、DVD 激光机都采用了数字信号处理技术。其次,我们使用的电子计算机都是数字的,它们处理的信号本来就是数字信号。在通信上使用了数字信号,就可以很方便地将计算机与通信结合起来,将计算机处理信息的优势用于通信事业。如电话通信中采用了程控数字交换机,用计算机来代替接线员的工作,不仅接线迅速准确,而且占地小、效率高,省去不少人工和设备,使电话通信产生了一个质的飞跃。再次,数字信号便于存储,现在流行的 CD、MP3 唱盘,VCD、DVD 视盘及电脑光盘都是用数字信号来存储的信息。此外,数字通信还可以兼容电话、电报、数据和图像等多类信息的传送,能在同一条线路上传送电话、有线电视、多媒体等多种信息。数字信号还便于加密和纠错,具有较强的保密性和可靠性。

模拟电路:处理模拟信号的电路。

数字电路:处理数字信号的电路。

(2)数字电路特点。

电路中工作的半导体管多数工作在开关状态。

研究对象是电路的输入与输出之间的逻辑关系,分析工具是逻辑代数,表达电路的功能主要用真值表,逻辑函数表达式及波形图等。

2)数字电路的发展和应用

数字电路的发展:与器件的改进密切相关,集成电路的出现促进了数字电路的发展。数字集成电路有各种门电路、触发器以及由它们构成的各种组合逻辑电路和时序逻辑电路。一个数字系统一般由控制部件和运算部件组成,在时脉的驱动下,控制部件控制运算部件完成所要执行的动作。通过模拟数字转换器、数字模拟转换器,数字电路可以和模拟电路互相连接。

数字电路的应用:范围广泛,应用于电视、雷达、通信、电子计算机、自动控制、航天等科学技术领域,国民经济许多部门中都有大量应用数字电路。

3）数字电路的分类

（1）按集成度分类：数字电路可分为小规模（SSI,每片数十器件）、中规模（MSI,每片数百器件）、大规模（LSI,每片数千器件）和超大规模（VLSI,每片器件数目大于 1 万）数字集成电路。

（2）从应用的角度又可分为通用型和专用型两大类型。

（3）按所用器件制作工艺的不同：数字电路可分为双极型（TTL 型）和单极型（MOS型）两类。

（4）按照电路的结构和工作原理的不同：数字电路可分为组合逻辑电路和时序逻辑电路两类。组合逻辑电路没有记忆功能,其输出信号只与当时的输入信号有关,而与电路以前的状态无关。时序逻辑电路具有记忆功能,其输出信号不仅和当时的输入信号有关,而且与电路以前的状态有关。

2. 数制转换

1）几种常用的计数体制

日常生活中最常使用的是十进制数（如 563）,但在数字系统中特别是计算机中,多采用二进制、十六进制,有时也采用八进制的计数方式。无论何种计数体制,任何一个数都是由整数和小数两部分组成的。

（1）十进制数（Decimal）。当所表示的数据是十进制时,可以无须加标注,即十进制数 576 可以表示为：

$$(576)_{10} = 576$$

特点如下：

① 由 10 个不同的数码 0、1、2、…、9 和一个小数点组成。

② 采用"逢十进一"的运算规则。

例如 $(213.71)_{10} = 2 \times 10^2 + 1 \times 10^1 + 3 \times 10^0 + 7 \times 10^{-1} + 1 \times 10^{-2}$

$10^2、10^1、10^0、10^{-1}、10^{-2}$ 称为权或位权,10 为其计数基数。

在实际的数字电路中采用十进制十分不便,因为十进制有十个数码,要想严格的区分开必须有十个不同的电路状态与之相对应,这在技术上实现起来比较困难。因此在实际的数字电路中一般是不直接采用十进制的。

（2）二进制数（Binary）。

表示：$(101.01)_2$

特点如下。

① 由两个不同的数码 0、1 和一个小数点组成。

② 采用"逢二进一、借一当二"的运算规则。

（3）八进制（Octal）。

表示：$(107.4)_8$

特点如下。

① 由 8 个不同的数码 0、1、2、3、4、5、6、7 和一个小数点组成。

② 采用"逢八进一、借一当八"的运算规则。

（4）十六进制（Hexadecimal）。

表示：$(2A5)_{16}$

特点如下：

① 由 16 个不同的数码 0、1、2、…、9、A、B、C、D、E、F 和一个小数点组成，其中 A~F 分别代表十进制数 10~15。

② 采用"逢十六进一、借一当十六"的运算规则。

2）数制转换

十进制数符合人们的计数习惯且表示数字的位数也较少；二进制适合计算机和数字系统表示和处理信号；八进制、十六进制表示较简单且容易与二进制转换。因此在实际工作中，经常会遇到各种计数体制之间的转换问题。

（1）各进制转换为十进制。

法则：各位乘权求和

（2）二进制转换为十进制。

二进制转换为十进制时只要写出二进制的按权展开式，然后将各项数值按十进制相加，就可得到等值的十进制数。

【例 8.1】 将二进制数 $(101.01)_2$ 转换为十进制数。

$(101.01)_2 = 1 \times 2^2 + 0 \times 2^1 + 1 \times 2^0 + 0 \times 2^{-1} + 1 \times 2^{-2} = (5.25)_{10}$

其中 2^2、2^1、2^0、2^{-1}、2^{-2} 为权，2 为其计数基数。

尽管一个数用二进制表示要比用十进制表示位数多得多，但因二进制数只有 0、1 两个数码，适合数字电路状态的表示，例如用二极管的开和关表示 0 和 1、用晶体管的截止和饱和表示 0 和 1，电路实现起来比较容易。

（3）八进制转换为十进制。

八进制转换为十进制时只要写出八进制的按权展开式，然后将各项数值按十进制相加，就可得到等值的十进制数。

【例 8.2】 $(107.4)_8 = 1 \times 8^2 + 0 \times 8^1 + 7 \times 8^0 + 4 \times 8^{-1} = (71.5)_{10}$

其中 8^2、8^1、8^0、8^{-1} 为权，每位的权是 8 的幂次方，8 为其计数基数。

八进制较之二进制表示简单，且容易与二进制进行转换。

（4）十六进制转换为十进制。

十六进制转换为十进制时只要写出二进制的按权展开式，然后将各项数值按十进制相加，就可得到等值的十进制数。

【例 8.3】 $(BA3.C)_{16} = B \times 16^2 + A \times 16^1 + 3 \times 16^0 + C \times 16^{-1}$
$$= 11 \times 16^2 + 10 \times 16^1 + 3 \times 16^0 + 12 \times 16^{-1}$$
$$= (2979.75)_{10}$$

其中 16^2、16^1、16^0、16^{-1} 为权，每位的权是 16 的幂次方，16 为其计数基数。十六进制较之二进制表示简单，且容易与二进制进行转换。

（5）十进制转换为各进制。

法则：整数部分，除基逆序取余。

小数部分,乘基顺序取整。

以十进制转换为二进制为例,其他各进制转换方式相同。

十进制转换为二进制分为整数部分转换和小数部分转换,转换后再合并。

以十进制数$(35.325)_{10}$转换成二进制数为例。

① 小数部分转换——乘 2 取整法。

基本思想:将小数部分不断的乘 2 取整数,直到达到一定的精确度。

将十进制的小数 0.325 转换为二进制的小数可表示如下。

$$0.325 \times 2 = 0.65$$
$$0.65 \times 2 = 1.30$$
$$0.3 \times 2 = 0.6$$
$$0.6 \times 2 = 1.2$$

可见小数部分乘 2 取整的过程不一定使最后的乘积为 0,这时可以按一定的精度要求求近似值。本题中精确到小数点后 4 位,则$(0.325)_{10} = (0.0101)_2$

② 整数部分转换——除取余法。

基本思想:将整数部分不断的除 2 取余数,直到商为 0。

将十进制整数 35 转换为二进制整数可表示如下。

```
2 | 35    ...余1...K₀=1    低位
2 | 17    ...余1...K₁=1
2 | 8     ...余0...K₂=0
2 | 4     ...余0...K₃=0
2 | 2     ...余0...K₄=0
2 | 1     ...余1...K₅=1    高位
    0
```

则:$(35)_{10} = (100011)_2$

最后结果为:$(35.325)_{10} = (100011.0101)_2$

(6) 二进制与八进制、十六进制之间的转换。

① 二进制与八进制互换。二进制转换成八进制数的方法是从小数点开始,分别向左、向右将二进制数按每 3 位一组分组(不足 3 位的补 0),然后写出每一组等值的八进制数。

【例 8.4】　将$(11001.110101)_2$转换为八进制数。

即:$(011,001,110,101)_2 = (31.65)_8$

② 二进制与十六进制互换。二进制转换成十六进制数的方法是从小数点开始,分别向左、向右将二进制数按每 4 位一组分组(不足 4 位的补 0),然后写出每一组等值的十六进制数。

【例 8.5】　将$(11001.110101)_2$转换为十六进制数。

即:$(0001,1001,1101,0100)_2 = (19.D4)_{16}$

八进制与十六进制之间的转换可以通过二进制作中介。

3) 常用编码

数字系统只能识别 0 和 1 两种不同的状态,只能识别二进制数。实际传递和处理的信息很复杂,因此为了能使二进制数码表示更多、更复杂的信息,把 0、1 按一定的规律编制在一起表示信息,这个过程称为编码。

最常见的编码为二-十进制编码。所谓二-十进制编码是用 4 位二进制数表示 0～9 的 10 个十进制数,也称 BCD 码。

常见的 BCD 码有 8421 码、格雷(Gray)码、余 3 码、5421 码、2421 码等编码。其中 8421 码、5421 码和 2421 码为有权码,其余为无权码。

(1) 8421BCD 码。8421BCD 码是最常用的 BCD 码,为有权码,各位的权从左到右为 8、4、2、1。在 8421BCD 码中利用 4 位二进制数的 16 种组合 0000～1111 中的前 10 种组合 0000～1001 代表十进制数的 0～9,后 6 种组合 1010～1111 为无效码。

【例 8.6】 把十进制数 78 表示为 8421BCD 码的形式。

解：$(78)_{10} = (0111\ 1000)_{8421}$

$(78)_{10} = (1010\ 1011)_{5421}$

$(78)_{10} = (1101\ 1110)_{2421}$

(2) 格雷码(Gray)。格雷码最基本的特性是任何相邻的代码间仅有一位数码不同。在信息传输过程中,若计数电路按格雷码计数时,每次状态更新仅有一位发生变化,因此减少了出错的可能性。格雷码为无权码。

(3) 余 3 码。因余 3 码是将 8421BCD 码的每组加上 0011(即十进制数 3)即比它所代表的十进制数多 3,因此称为余 3 码。余 3 码的另一特性是 0 与 9、1 和 8 等互为反码。

3. 基本逻辑门电路

在逻辑代数中,最基本的逻辑运算有与、或、非三种。每种逻辑运算代表一种函数关系,这种函数关系可用逻辑符号写成逻辑表达式来描述,也可用文字来描述,还可用表格或图形的方式来描述。最基本的逻辑关系有三种：与逻辑关系、或逻辑关系、非逻辑关系。

实现基本逻辑运算和常用复合逻辑运算的单元电路称为逻辑门电路。例如：实现"与"运算的电路称为与逻辑门,简称与门；实现"与非"运算的电路称为与非门。逻辑门电路是设计数字系统的最小单元。

1) 逻辑状态的表示方法

用数字符号 0 和 1 表示相互对立的逻辑状态,称为逻辑 0 和逻辑 1。常见对立逻辑状态见表 8.6。

表 8.6　常见的对立逻辑状态示例

一种状态	高电位	有脉冲	闭合	真	上	是	…	1
另一种状态	低电位	无脉冲	断开	假	下	非	…	0

2) 高、低电平规定

用高电平、低电平来描述电位的高低。

高低电平不是一个固定值,而是一个电平变化范围,如图 8.3 所示。

单位用 V 表示。

在集成逻辑门电路中规定——

标准高电平 VSH——高电平的下限值；

标准低电平 VSL——低电平的上限值。

应用时，高电平应大于或等于 VSH；低电平应小于或等于 VSL。

3）正、负逻辑规定

正逻辑：用 1 表示高电平，用 0 表示低电平的逻辑体制。

负逻辑：用 1 表示低电平，用 0 表示高电平的逻辑体制。

4）与门

"与"运算是一种二元运算，它定义了两个变量 A 和 B 的一种函数关系。用语句来描述它，这就是：当且仅当变量 A 和 B 都为 1 时，函数 Y 为 1；或者可用另一种方式来描述它，这就是：只要变量 A 或 B 中有一个为 0，则函数 Y 为 0。"与"运算又称为逻辑乘运算，也叫逻辑积运算。图 8.4 为一个二极管与门电路。当 V_a、V_b 为高电平（5V）：V_o 为高电平；当 V_a、V_b 有一个是低电平（0V）：V_o 为低电平，所以该电路完成"与"逻辑功能，称为"与门"。

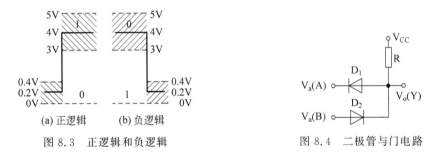

图 8.3　正逻辑和负逻辑　　　　图 8.4　二极管与门电路

"与"运算的逻辑表达式为：

$$Y = A \cdot B = AB \tag{8-1}$$

式中，乘号"·"表示与运算，在不至于引起混淆的前提下，乘号"·"经常被省略。该式可读作：Y 等于 A 乘 B，也可读作：Y 等于 A 与 B。

"与"运算的真值表如表 8.7 所示。

表 8.7　"与"运算真值表

输　　　入		输　　　出
A	B	$Y = AB$
0	0	0
0	1	0
1	0	0
1	1	1

与运算的逻辑符号如图 8.5 所示。

由"与"运算关系的真值表可知"与"逻辑的运算规律为

$$0 \cdot 0 = 0$$
$$0 \cdot 1 = 1 \cdot 0 = 0$$
$$1 \cdot 1 = 1$$

图 8.5　"与"运算逻辑符号

简单地记为：有 0 出 0，全 1 出 1。由此可推出其一般形式为：

$$A \cdot 0 = 0$$
$$A \cdot 1 = A$$
$$A \cdot A = A$$

实现"与"逻辑运算功能的的电路称为"与门"。每个与门有两个或两个以上的输入端和一个输出端,图 8.5 是两输入端与门的逻辑符号。在实际应用中,制造工艺限制了与门电路的输入变量数目,所以实际与门电路的输入个数是有限的。其他门电路中同样如此。

5) 或门

"或"运算是另一种二元运算,它定义了变量 A、B 与函数 Y 的另一种关系。用语句来描述它,这就是:只要变量 A 和 B 中任何一个为 1,则函数 Y 为 1;或者说:当且仅当变量 A 和 B 均为 0 时,函数 Y 才为 0。"或"运算又称为逻辑加,也叫逻辑和。其运算符号为"+"。图 8.6 为一个二极管或门电路。V_a、V_b 有一个是高电平(5V);V_o 为高电平;V_a、V_b 两个都为低电平(0V)时 V_o 为低电平。

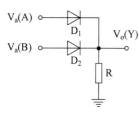

图 8.6 二极管或门电路

"或"运算的逻辑表达式为:

$$Y = A + B \tag{8-2}$$

式(8-2)中,加号"+"表示"或"运算。该式可读作:Y 等于 A 加 B,也可读作:Y 等于 A 或 B。表 8.8 为"或"运算的真值表。

表 8.8 "或"运算的真值表

输 入		输 出
A	B	$Y = A + B$
0	0	0
0	1	1
1	0	1
1	1	1

"或"运算的逻辑符号如图 8.7 所示。

由"或"运算关系的真值表可知"或"逻辑的运算规律为:

$$0 + 0 = 0$$
$$0 + 1 = 1 + 0 = 1$$
$$1 + 1 = 1$$

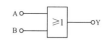

图 8.7 "或"运算的逻辑符号

简单地记为:有 1 出 1,全 0 出 0。由此可推出其一般形式为:

$$A + 0 = A$$
$$A + 1 = 1$$
$$A + A = A$$

实现"或"逻辑运算功能的电路称为"或门"。每个或门有两个或两个以上的输入端和一个输出端,图 8.7 是两输入端或门的逻辑符号。

6）非门

逻辑"非"运算是一元运算,它定义了一个变量(记为 A)的函数关系。用语句来描述之,这就是：当 A=1 时,则函数 Y=0；反之,当 A=0 时,则函数 Y=1。非运算亦称为"反"运算,也叫逻辑否定。图 8.8 为非门电路,实际为一个三极管反相器电路,当 V_i 为高电平 (V_{CC}) V_o 为低电平 (0V),当 V_i 为低电平 (0V),V_o 为高电平 (V_{CC}),所以该电路完成"非"逻辑功能,称为"非门"或反相器。

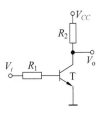

图 8.8　非门电路

"非"运算的逻辑表达式为：

$$Y = \overline{A} \tag{8-3}$$

式(8-3)中,字母上方的横线"-"表示"非"运算。该式可读作：Y 等于 A 非,或 Y 等于 A 反。"非"运算的真值表如表 8.9 所示。逻辑表达式如图 8.9 所示。

表 8.9　"非"运算的真值表

输　　入	输　　出
A	$Y = \overline{A}$
0	1
0	0

图 8.9　"非"门逻辑符号

由"非"运算关系的真值表可知"非"逻辑的运算规律为：

$$\overline{0} = 1$$
$$\overline{1} = 0$$

简单地记为：有 0 出 1,有 1 出 0。由此可推出其一般形式为：

$$\overline{\overline{A}} = A$$
$$A + \overline{A} = 1$$
$$A\overline{A} = 0$$

实现"非"逻辑运算功能的电路称为"非门"。非门也叫反相器。每个非门有一个输入端和一个输出端。图 8.9 是非门的逻辑符号。

4. 组合逻辑门电路

1）与非门

在与门后面接一个非门,就构成了与非门,逻辑符号在与门输出端加上一个小圆圈,就构成了与非门的逻辑符号,如图 8.10 所示。

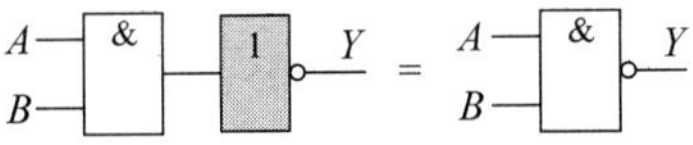

与非门的函数逻辑式为

$$Y = \overline{A \cdot B} \tag{8-4}$$

真值表为见表 8.10。

图 8.10　与非门逻辑符号

表 8.10　与非门真值表

输　　入			输　　出
A	B	$A \cdot B$	$Y = \overline{A \cdot B}$
0	0	0	1
0	1	0	1
1	0	0	1
1	1	1	0

与非门的逻辑功能为"全 1 出 0,有 0 出 1"。

2）或非门

将一个或门和一个非门联结起来,就构成了一个或非门。逻辑符号在或门输出端加一小圆圈就变成了或非门的逻辑符号,如图 8.11 所示。

或非门逻辑函数式为

$$Y = \overline{A + B} \tag{8-5}$$

真值表见表 8.11。

图 8.11　或非门逻辑符号

表 8.11　或非门真值表

输　　入			输　　出
A	B	$A + B$	$Y = \overline{A + B}$
0	0	0	1
0	1	1	0
1	0	1	0
1	1	1	0

或非门的逻辑功能为"全 0 出 1,有 1 出 0"。

3）与或非门

把两个(或两个以上)与门的输出端接到一个或非门的各个输入端,就构成了与或非门。与或非门的逻辑符号如图 8.12 所示。

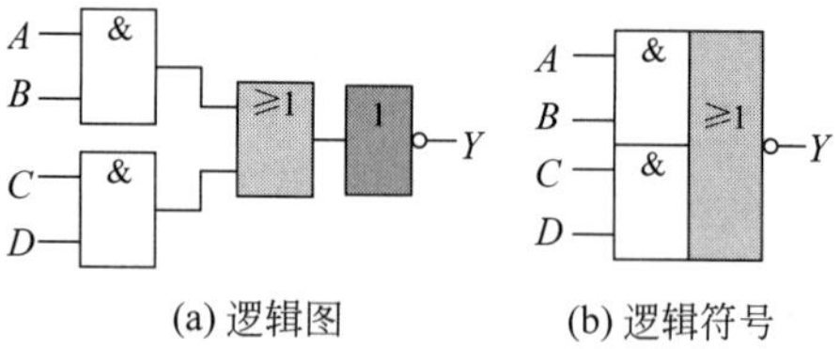

(a) 逻辑图　　(b) 逻辑符号

图 8.12　与或非逻辑图及逻辑符号

与或非门的逻辑函数式为:

$$Y = \overline{AB + CD} \tag{8-6}$$

真值表见表 8.12。

表 8.12　与或非真值表

输　　入				输　　出
A	B	C	D	$Y = \overline{AB + CD}$
0	0	0	0	1
0	0	0	1	1
0	0	1	0	1
0	0	1	1	0

续表

输　　入				输　　出
A	B	C	D	$Y=\overline{AB+CD}$
0	1	0	0	1
0	1	0	1	1
0	1	1	0	1
0	1	1	1	0
1	0	0	0	1
1	0	0	1	1
1	0	1	0	1
1	0	1	1	0
1	1	0	0	0
1	1	0	1	0
1	1	1	0	0
1	1	1	1	0

与或非门的逻辑功能为：当输入端中任何一组全为 1 时，输出即为 0；只有各组输入都至少有一个为 0 时，输出才为 1。

4）异或门

在集成逻辑门中，"异或"逻辑主要为二输入变量门，对三输入或更多输入变量的逻辑，都可以由二输入门导出。所以，常见的"异或"逻辑是二输入变量的情况。对于二输入变量的"异或"逻辑，当两个输入端取值不同时，输出为 1；当两个输入端取值相同时，输出端为 0。实现"异或"逻辑运算的逻辑电路称为异或门。如图 8.13 所示为二输入异或门逻辑符号。

异或门的逻辑表达式为：

$$Y=A\oplus B=\overline{A}B+A\overline{B} \qquad (8\text{-}7)$$

图 8.13　异或门逻辑符号

真值表见表 8.13。

表 8.13　二输入"异或"门真值表

输　　入		输　　出
A	B	$Y=A\oplus B$
0	0	0
0	1	1
1	0	1
1	1	0

5）同或门

"异或"运算之后再进行"非"运算，则称为"同或"运算。实现"同或"运算的电路称为同或门。同或门的逻辑符号如图 8.14 所示。

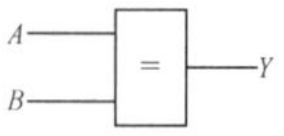

二输入同或运算的逻辑表达式为：

$$Y=A\odot B=\overline{A\oplus B} \qquad (8\text{-}8)$$

其真值表如表 8.14 所示。

图 8.14　同或门逻辑符号

表 8.14　二输入"同或"门真值表

输	入	输 出
A	B	$Y=A \odot B$
0	0	1
0	1	0
1	0	0
1	1	1

5. 逻辑代数的化简

1）逻辑代数基本定律

根据逻辑变量和逻辑运算的基本定义,可得出逻辑代数的基本定律,见表 8.15。

表 8.15　逻辑代数基本定律

0-1 律	重叠律	互补律	交换律	结合律	分配律	否定律
$0+A=A$ $0 \cdot A=A$ $1+A=1$ $1 \cdot A=A$	$A+A=A$ $A \cdot A=A$	$A+\bar{A}=0$ $A \cdot \bar{A}=0$	$A+B=B+A$ $A \cdot B=B \cdot A$	$A+(B+C)=$ $(A+B)+C$ $A \cdot (B \cdot C)=$ $(A \cdot B) \cdot C$	$A \cdot (B+C)=A \cdot$ $B+A \cdot C$ $A+(B \cdot C)=(A+$ $B) \cdot (A+C)$	$\bar{\bar{A}}=A$

2）逻辑函数的真值表

逻辑函数的真值表是表征逻辑事件输入和输出之间全部可能状态的表格,在表中通常 1 表示真,0 表示假。真值表是在逻辑中使用的一类数学表,用来确定一个表达式是否为真或有效。

完全真值表的作法如下。

三个步骤:

(1) 找出已给命题公式的所有变项,并竖行列出这些变项的所有真值组合;

(2) 根据命题公式的结构,由繁到简的依次横行列出,一次只引进一个连接词,直至列出该公式本身;

(3) 依据基本真值表,有变项的真值逐步计算出每个部分的真值,最后列出整个公式得真值。

如何根据真值表写出逻辑函数的表达式:

第一种方法:以真值表内输出端"1"为准。

第一步:从真值表内找输出端为"1"的各行,把每行的输入变量写成乘积形式;遇到"0"的输入变量上加非号。

第二步:把各乘积项相加,即得逻辑函数的表达式。

第二种方法:以真值表内输出端"0"为准。

第一步:从真值表内找输出端为"0"的各行,把每行的输入变量写成求和的形式到"1"的输入变量上加非号。

第二步:把各求和项相乘,即得逻辑函数表达式。

3）逻辑函数的化简

（1）逻辑函数的变换。一个逻辑函数确定以后，其表示逻辑关系的真值表是唯一的，但可以利用逻辑代数的基本规则和定律对其进行变换。如下即为常见的几种变换方式。

$$Y = A\bar{B} + BC$$
$$= (A + B)(\bar{B} + C)$$
$$= \overline{A\bar{B} \cdot \overline{BC}}$$
$$= \overline{\overline{A + B} + \overline{\bar{B} + C}}$$
$$= \overline{\overline{A\bar{B} + BC}}$$

由此可见，公式法化简的结果并不是唯一的。如果两个结果形式（项数、每项中变量数）相同，则二者均正确，可以验证二者逻辑相等。

（2）最小项和最小项表达式。

① 最小项。如果一个具有 n 个变量的逻辑函数的"与"项包含全部 n 个变量，每个变量以原变量或反变量的形式出现，且仅出现一次，则这种"与"项被称为最小项。

对两个变量 A、B 来说，可以构成 4 个最小项：$\bar{A}\bar{B}$、$\bar{A}B$、$A\bar{B}$、AB；对 3 个变量 A、B、C 来说，可构成 8 个最小项：$\bar{A}\bar{B}\bar{C}$、$\bar{A}\bar{B}C$、$\bar{A}B\bar{C}$、$\bar{A}BC$、$A\bar{B}\bar{C}$、$A\bar{B}C$、$AB\bar{C}$ 和 ABC；同理，对 n 个变量来说，可以构成 $2n$ 个最小项。

最小项通常用符号 mi 表示，i 是最小项的编号，是一个十进制数。确定 i 的方法是：首先将最小项中的变量按顺序 A、B、C、D …排列好，然后将最小项中的原变量用 1 表示，反变量用 0 表示，这时最小项表示的二进制数对应的十进制数就是该最小项的编号。例如，对三变量的最小项来说，ABC 的编号是 7 符号用 $m7$ 表示，$A\bar{B}C$ 的编号是 5 符号用 $m5$ 表示。

② 最小项表达式。如果一个逻辑函数表达式是由最小项构成的与或式，则这种表达式称为逻辑函数的最小项表达式，也叫标准与或式。例如 $Y = \bar{A}BCD + ABC\bar{D} + ABCD$：是一个四变量的最小项表达式。对一个最小项表达式可以采用简写的方式，例如

$$Y(A, B, C) = \bar{A}B\bar{C} + A\bar{B}C + ABC = m_2 + m_5 + m_7 = \sum m(2, 5, 7)$$

要写出一个逻辑函数的最小项表达式，可以有多种方法，但最简单的方法是先给出逻辑函数的真值表，将真值表中能使逻辑函数取值为 1 的各个最小项相或就可以了。

【例 8.7】 已知三变量逻辑函数：$Y = AB + BC + AC$，写出 Y 的最小项表达式。

解： 首先画出 Y 的真值表，见表 8.16，将表中能使 Y 为 1 的最小项相或可得下式

$$Y = \bar{A}BC + A\bar{B}C + AB\bar{C} + ABC = \sum m(3, 5, 6, 7)$$

表 8.16　$Y = AB + BC + AC$ 真值表

A	B	C	$Y = AB + BC + AC$
0	0	0	0
0	0	1	0
0	1	0	0
0	1	1	1

续表

A	B	C	$Y = AB + BC + AC$
1	0	0	0
1	0	1	1
1	1	0	1
1	1	1	1

（3）化简。逻辑函数的表达式和逻辑电路是一一对应的,表达式越简单,用逻辑电路去实现也越简单。

在传统的设计方法中,通常以与或表达式定义最简表达式,其标准是表达式中的项数最少,每项含的变量也最少。这样用逻辑电路去实现时,用的逻辑门最少,每个逻辑门的输入端也最少。另外还可提高逻辑电路的可靠性和速度。

在现代设计方法中,多采用可编程的逻辑器件进行逻辑电路的设计。设计并不一定要追求最简单的逻辑函数表达式,而是追求设计简单方便、可靠性好、效率高。但是,逻辑函数的化简仍是需要掌握的重要基础技能。

逻辑函数的化简方法有多种,最常用的方法是逻辑代数化简法和卡诺图化简法。

逻辑代数化简法就是利用逻辑代数的基本公式和规则对给定的逻辑函数表达式进行化简。常用的逻辑代数化简法有吸收法、消去法、并项法、配项法。

利用公式 $A + AB = A$,吸收多余的与项进行化简,如

$$Y = \overline{A} + \overline{A}BC + \overline{A}BD + \overline{A}E = \overline{A}(1 + BC + BD + E) = \overline{A}$$

利用公式 $A + \overline{A}B = A + B$,消去与项中多余的的因子进行化简,如

$$Y = A + \overline{A}B + \overline{B}C + \overline{C}D$$
$$Y = A + \overline{A}B + \overline{B}C + \overline{C}D$$
$$= A + B + \overline{B}C + \overline{C}D$$
$$= A + B + C + \overline{C}D$$
$$= A + B + C + D$$

利用公式 $A + \overline{A} = 1$,把两项并成一项进行化简。

$$Y = A\overline{BC} + AB + A \cdot (\overline{\overline{\overline{BC} + B}})$$
$$Y = A\overline{BC} + AB + A \cdot (\overline{\overline{\overline{BC} + B}})$$
$$= A \cdot (\overline{BC} + B + \overline{\overline{BC} + B})$$
$$= A$$

利用公式 $A + \overline{A} = 1$,把一个与项变成两项再和其他项合并进行化简。

$$Y = \overline{A}B + \overline{B}C + B\overline{C} + A\overline{B}$$
$$Y = \overline{A}B + \overline{B}C + B\overline{C} + A\overline{B}$$
$$= \overline{A}B(C + \overline{C}) + \overline{B}C(A + \overline{A}) + B\overline{C} + A\overline{B}$$
$$= \overline{A}BC + \overline{A}B\overline{C} + A\overline{B}C + \overline{A}\overline{B}C + B\overline{C} + A\overline{B}$$
$$= \overline{A}B(C + 1) + \overline{A}C(B + \overline{B}) + B\overline{C}(\overline{A} + 1)$$
$$= A\overline{B} + \overline{B}C + B\overline{C}$$

有时对逻辑函数表达式进行化简,可以几种方法并用,综合考虑。

$$Y = \overline{A}BC + AB\overline{C} + A\overline{B}C + ABC$$

$$Y = \overline{A}BC + AB\overline{C} + A\overline{B}C + ABC$$

$$= \overline{A}BC + ABC + AB\overline{C} + ABC + A\overline{B}C + ABC$$

$$= AB(C + \overline{C}) + AC(B + \overline{B}) + BC(A + \overline{A})$$

$$= AB + AC + BC$$

在这个例子中就使用了配项法和并项法两种方法。

用卡诺图表示逻辑函数。既然任何一个逻辑函数都可以写成最小项表达式,而卡诺图中的每一个小方格代表逻辑函数的一个最小项,因此可以用卡诺图表示逻辑函数。具体的作法如下。

步骤 1:根据逻辑函数变量的个数,画出相应变量的卡诺图。

步骤 2:将逻辑函数写成最小项表达式。

步骤 3:在逻辑函数包含的最小项对应的方格中填入 1,其余的填入 0 或空着即可。

这种用卡诺图表示逻辑函数的过程,也称将逻辑函数"写入"卡诺图中。

【例 8.8】 用卡诺图表示逻辑函数 $L = AB + A\overline{C}$

解:函数 L 有 3 个变量,画出三变量卡诺图。

将 L 写成最小项表达式

$$L = AB + A\overline{C} = AB(C + \overline{C}) + A(B + \overline{B})\overline{C}$$

$$= ABC + AB\overline{C} + AB\overline{C} + A\overline{B}\overline{C}$$

$$= ABC + AB\overline{C} + A\overline{B}\overline{C}$$

$$= m_7 + m_6 + m_4$$

在逻辑函数包含的三个最小项 m_4、m_6、m_7 对应的方格中填入 1,其余的空着。

(4) 化简的依据。卡诺图(见图 8.15)中的小方格是按相邻性原则排列的,可以利用公式消去互反因子,保留相同的变量,达到化简的目的。两个相邻的最小项合并可以消去一个变量,4 个相邻的最小项合并可以消去两个变量,8 个相邻的最小项合并可以消去三个变量,$2n$ 个相邻的最小项合并可以消去 n 变量。

利用卡诺图化简逻辑函数,关键是确定能合并哪些最小项,即将可以合并的最小项用一个圈圈起来,这个圈称为卡诺圈,画卡诺圈应注意以下几点。

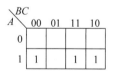

图 8.15 卡诺图

- 卡诺圈中包含的 1 格越多越好,但个数必须为 $2n(n = 0,1,2,\cdots)$个。

- 卡诺圈的个数越少越好。

- 一个 1 格可以被多个卡诺圈公用,但每个卡诺圈中至少要有一个 1 格没有被其他卡诺圈用过。

- 不能漏掉任何一个 1 格。

化简的方法如下。

用卡诺图化简逻辑函数的方法如下。

- 用卡诺图表示逻辑函数。

- 将相邻的 1 格用卡诺圈圈起来,合并相邻的最小项。
- 从卡诺图"读出"最简式。

下面举例说明化简的方法。

【例 8.9】　用卡诺图化简逻辑函数 $L(A,B,C)=\sum_m(0,1,2,5)$

解: ① 画出三变量卡诺图,并用卡诺图表示逻辑函数 L。

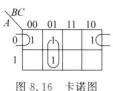

图 8.16　卡诺图

② 将相邻的 1 格用卡诺圈圈起来,如图 8.16 所示,合并相邻的最小项。

$$m_1+m_5=\overline{A}\,\overline{B}C+A\overline{B}C=\overline{B}C$$

$$m_0+m_2=\overline{A}\,\overline{B}\,\overline{C}+\overline{A}B\overline{C}=\overline{A}\,\overline{C}$$

从卡诺圈"读出"最简式,即将每个卡诺圈的合并结果逻辑加,得到逻辑函数的最简与-或表达式。

$$L(A,B,C)=\overline{A}\,\overline{C}+\overline{B}C$$

在熟练掌握卡诺图的化简方法之后,第②步可直接写出合并结果,即每个卡诺图行变量和列变量取值相同的,为合并的结果。

(5) 具有无关项的逻辑函数的化简。

在前面讨论的逻辑函数中,变量的每一组取值都有一个确定的函数值与之相对应,而在某些情况下,有些变量的取值是不允许出现或不会出现,或某些变量的取值不影响电路的逻辑功能,上述这些变量组合对应的最小项称为约束项或任意项,约束项与任意项统称为无关项,具有无关项的逻辑函数称为有约束条件的逻辑函数。如十字路口的信号,A、B、C 分别表示红灯、绿灯和黄灯,1 表示灯亮,0 表示灯灭,正常工作时只能有一个灯亮,所以变量的取值只能为

A	B	C
0	0	1
0	1	0
1	0	0

其余几种变量组合 000,011,101,110,111 是不允许出现的,对应的最小项 $\overline{A}\,\overline{B}\,\overline{C}$,$\overline{A}BC$,$A\overline{B}C$,$AB\overline{C}$,$ABC$ 则为无关项。约束条件的表示形式为

$$\overline{A}\,\overline{B}\,\overline{C}+\overline{A}BC+A\overline{B}C+AB\overline{C}+ABC=0$$

即

$$m_0+m_3+m_5+m_6+m_7=0$$

具有约束条件的逻辑函数的表示形式有两种,一种为

$$L(A,B,C,D)=\sum_m(0,1,5,9,13)+\sum_d(2,7,10,15)$$

其中 $\sum_m(0,1,5,9,13)$ 部分为使函数取值为 1 的最小项,$\sum_d(2,7,10,15)$ 为无关项。

另一种形式为

$$L(A,B,C,D)=\sum_m(0,1,5,9,13)$$

$$\sum_d(2,7,10,15)=0$$

具有无关项的逻辑函数的化简：因为无关项不会出现或对函数值没有影响，所以其取值可以为 0，也可以为 1，在化简时可以充分利用这一特点，使化简的结果更为简单。在卡诺图中无关项对应的小方格用"×"或"ϕ"表示。

【例 8.10】 用卡诺图化简逻辑函数

$$L(A,B,C,D)=\sum_m(0,1,2,5,9)+\sum_d(3,6,8,11,13)$$

解：① 画出四变量卡诺图，将函数写入卡诺图中。

合并相邻的最小项。考虑约束条件时，用两个卡诺圈将相邻的 1 格圈起来，无关项作 1 格使用，如图 8.17(a)所示，化简结果为

$$L=\overline{A}\overline{B}\overline{D}+\overline{A}CD+\overline{B}CD$$

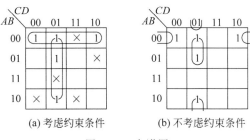

(a) 考虑约束条件 (b) 不考虑约束条件

图 8.17 卡诺图

利用无关项化简逻辑函数时应注意，需要的无关项当作 1 格处理，不需要的应丢掉。

6. 三人表决器电路分析

1）逻辑分析

设主裁判为变量 A，副裁判为变量 B 和 C，表示成功与否的等为 F，根据逻辑要求列出真值表。如表 8.17 所示。

表 8.17 三人表决器函数真值表

输　　入			输　　出
A	B	C	Y
0	0	0	0
0	0	1	0
0	1	0	0
0	1	1	1
1	0	0	0
1	0	1	1
1	1	0	1
1	1	1	1

根据真值表得出变量 Y 的逻辑表达式

$$Y=\overline{A}BC+A\overline{B}C+AB\overline{C}+ABC$$

2）化简逻辑表达式

$$Y = \overline{A}BC + A\overline{B}C + AB\overline{C} + ABC$$
$$= \overline{A}BC + A\overline{B}C + AB\overline{C} + ABC + ABC + ABC$$
$$= AB + AC + BC \tag{8-9}$$

本项目采用 74LS00 四 2 输入与非门及 74LS10 三 3 输入与非门构成三人表决器电路，进行与非逻辑关系，所以将式（8-9）变换为由与非表达的逻辑关系 $Y = \overline{\overline{AB} \cdot \overline{BC} \cdot \overline{AC}}$

3）芯片介绍

集成电路（integrated circuit）是一种微型电子器件或部件。采用一定的工艺，把一个电路中所需的晶体管、电阻、电容和电感等元件及布线互连一起，制作在一小块或几小块半导体晶片或介质基片上，然后封装在一个管壳内，成为具有所需电路功能的微型结构；其中所有元件在结构上已组成一个整体，使电子元件向着微小型化、低功耗、智能化和高可靠性方面迈进了一大步。它在电路中用字母 IC 表示，是 1950～1960 年代发展起来的一种新型半导体器件。它是经过氧化、光刻、扩散、外延、蒸铝等半导体制造工艺，把构成具有一定功能的电路所需的半导体、电阻、电容等元件及它们之间的连接导线全部集成在一小块硅片上，然后焊接封装在一个管壳内的电子器件。其封装外壳有圆壳式、扁平式或双列直插式等多种形式。集成电路技术包括芯片制造技术与设计技术，主要体现在加工设备、加工工艺、封装测试、批量生产及设计创新的能力上。

集成电路的种类相当多，集成电路按制作工艺来分可分为三大类，即半导体集成电路、膜集成电路及混合集成电路。半导体集成电路有双极型和场效应两大系列。双极型集成电路主要以 TTL 型为代表，TTL 型集成电路是利用电子和空穴两种载流子导电的，所以叫做双极型电路。场效应集成电路是只用一种载流子导电的电路，这就是 MOS 电路。其中用电子导电的称为 NMOS 电路，用空穴导电的称为 PMOS 电路；如果是用 NMOS 和 PMOS 复合起来组成的电路，则称为 CMOS 电路。CMOS 集成电路是使用得最多的集成电路。在电子设备中，通常把电路分为模拟电路和数字电路两大类。在模拟电路中信号为连续变化的物理量，在数字电路中信号为断续变化的物理量，因此集成电路按其功能不同又可分为模拟集成电路和数字集成电路两大类。模拟集成电路用来产生、放大和处理各种模拟信号，这类集成电路有运算放大器、集成稳压器、音响集成电路以及电视机用集成电路等。数字集成电路用来产生、放大和处理各种数字信号。这类集成电路有各种门电路、译码器、计数器、存储器、寄存器以及触发器等。除了上述两类集成电路外，随着科学技术的不断发展，还出现了许多数字电路和模拟电路混合的集成电路及使用更为方便的专用集成电路。若按集成度来分，集成电路又可分为小规模、中规模、大规模及超大规模等四种类型。集成 50 个以下元器件的为小规模集成电路。集成 50～100 个元器件的为中规模集成电路。集成 100～10 000 个元器件的为大规模集成电路，集成 10 000 个以上元器件的称为超大规模集成电路。功能结构集成电路，又称为 IC，按其功能、结构的不同，可以分为模拟集成电路、数字集成电路和数/模混合集成电路三大类。模拟集成电路又称线性电路，用来产生、放大和处理各种模拟信号（指幅度随时间变化的信号。例如半导体收音机的音频信号、录放机的磁带信号等），其输入信号和输出信号成比例关系。主要有集成稳压器、运算放大器、功率放大器及专用集成电路等。数字电路是开关器件，以规定的电平响应导通和截止，用来产生、放大和处理各种数字信号。数字集成电路具有体积小、功耗低、可靠性高、成本低且使用方便等优点,在自动控制测量仪器通信和电子计算机等领域里得到了广泛的应用。按结构不同可分为单极型和双极型电路,单极型电路有 JFET、NMOS、PMOS、CMOS 四种,双极型电路有 DTL、TTL、ECL、HTL 等,其中最常用的主要有 TTL 和 CMOS 两大系列。

本项目采用 74LS00 四 2 输入与非门及 74LS10 三 3 输入与非门构成三人表决器电路。

74LS00 芯片简图如图 8.18 所示。该芯片有 14 个管脚,其中 14 脚接电源 Vcc,7 脚接电源 GND。有四个 2 输入的与非门,1A、1B、1Y 是其中一个与非门,1 脚(1A)和 2 脚(1B)是输入,3 脚(1Y)是输出,即 $1Y=\overline{1A \cdot 1B}$。同样,其余三个与非门分别为 $2Y=\overline{2A \cdot 2B}$,$3Y=\overline{3A \cdot 3B}$,$4Y=\overline{4A \cdot 4B}$。

74LS10 芯片如图 8.19 所示,该芯片有 14 个管脚,其中 14 脚接电源 Vcc,7 脚接电源 GND。有三个 3 输入的与非门,1A、1B、1C、1Y 是其中一个与非门,1 脚(1A)、2 脚(1B)、13 脚(1C)是输入,12 脚(1Y)是输出,即 $1Y=\overline{1A \cdot 1B \cdot 1C}$。同样,其余三个与非门分别为 $2Y=\overline{2A \cdot 2B \cdot 2C}$,$3Y=\overline{3A \cdot 3B \cdot 3B}$,$4Y=\overline{4A \cdot 4B \cdot 4B}$。

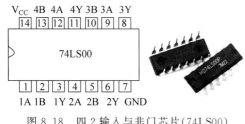

图 8.18 四 2 输入与非门芯片(74LS00)

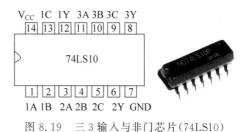

图 8.19 三 3 输入与非门芯片(74LS10)

4)电路组成

三人表决器电路组成如图 8.1 所示。

1. 选择题

(1)以下代码中的无权码是(   )。

    A. 8421BCD 码　　　B. 5421BCD 码　　　C. 余三码　　　D. 格雷码

(2)一位十六进制数可以用(   )位二进制数来表示。

    A. 1　　　　　　　B. 2　　　　　　　C. 4　　　　　　　D. 16

(3)与模拟电路相比,数字电路主要的优点有(   )。

    A. 容易设计　　　B. 通用性强　　　C. 保密性好　　　D. 抗干扰能力强

(4)CMOS 数字集成电路与 TTL 数字集成电路相比突出的优点是(   )。

    A. 微功耗　　　　B. 高速度　　　　C. 高抗干扰能力　　D. 电源范围宽

(5)在何种输入情况下,"与非"运算的结果是逻辑 0。(   )

    A. 全部输入是 0　　B. 任一输入是 0　　C. 仅一输入是 0　　D. 全部输入是 1

(6)在何种输入情况下,"或非"运算的结果是逻辑 0。(   )

　　　　A. 全部输入是 0　　　　　　　　　B. 全部输入是 1

　　　　C. 任一输入为 0,其他输入为 1　　　D. 任一输入为 1

　　(7) 逻辑变量的取值 1 和 0 可以表示:(　　　)

　　　　A. 开关的闭合、断开　　　　　　　B. 电位的高、低

　　　　C. 真与假　　　　　　　　　　　　D. 电流的有、无

　　(8) 逻辑函数的表示方法中具有唯一性的是(　　　)。

　　　　A. 真值表　　　　B. 表达式　　　　C. 逻辑图　　　　D. 卡诺图

2. 填空题

　　(1) $(374.51)_{10}=($　　　　　　　　　　　　$)_{8421BCD}$。

　　(2) 二进制数 $(1011.1001)_2$ 转换为八进制数为(　　　),转换为十六进制数为(　　　)。

　　(3) $(1000010110011)_{8421}=($　　　$)_{2421}$

　　(4) $(10101101001)_{8421}=($　　　$)_{10}$

　　(5) 描述脉冲波形的主要参数有(　　)、(　　)、(　　)、(　　)、(　　)、(　　)、(　　)。

　　(6) 数字信号的特点是在(　　　)上和(　　　)上都是断续变化的,其高电平和低电平常用(　　　)和(　　　)来表示。

　　(7) 分析数字电路的主要工具是(　　　),数字电路又称作(　　　)。

　　(8) 在数字电路中,常用的计数制除十进制外,还有(　　)、(　　)、(　　)。

　　(9) 集电极开路门的英文缩写为门,工作时必须外加(　　　)和(　　　)。

　　(10) 国产 TTL 电路相当于国际 SN54/74LS 系列,其中 LS 表示(　　　)。

　　(11) 逻辑代数的三个重要规则是(　　)、(　　)、(　　)。

3. 思考题

　　(1) 在数字系统中为什么要采用二进制?

　　(2) 逻辑代数与普通代数有何异同?

　　(3) 逻辑函数的三种表示方法如何相互转换?

　　(4) 为什么说逻辑等式都可以用真值表证明?

项目 9

八路抢答器的装配与调试

总体学习目标

- 能正确识读电路原理图,分析八路抢答器电路的工作原理
- 能列出电路所需的电子元器件清单
- 能对电子元器件进行识别与检测
- 能正确使用锡焊工具,正确安装八路抢答器
- 能正确使用仪器仪表调试电路
- 能自检、互检,判断产品是否合格
- 能按照生产现场管理标准,进行安全文明生产

项目描述

　　本项目通过八路抢答器来学习数字电路中的时序逻辑电路。在许多比赛活动中,为了准确、公正、直观地判断出第一抢答者,通常设置一台抢答器,通过数显、灯光或音响等多种手段指示出第一抢答者。设计制作一个可容纳八组参赛的数字式抢答器,每组设置一个抢答按钮供抢答者使用。电路具有第一抢答信号的鉴别和锁存功能。在主持人系统发出抢答指令后,若参赛者按抢答开关,则该组指示灯亮并用组别显示电路显示出抢答者的组别,同时指示灯(发光二极管)亮。此时,电路应具备自锁存功能,使别组的抢答开关不起作用。八路智能抢答器主要由数字优先编码电路、锁存/译码/驱动电路于一体的 CD4511 集成电路、数码显示电路和报警电路组成。抢答器数字优先编码电路由 D1-D12 组成,实现数字的编码。CD4511 是一块含 BCD-7 段锁存/译码/驱动电路于一体的集成电路。抢答器报警电路由 NE555 接成音多谐振荡器构成。抢答器数码显示电路由数码管组成,输入的 BCD 码自动地由 CD4511 内部电路译码成十进制数在数码管上显示。八路抢答器电路原理图及八路抢答器见图 9.1 和图 9.2。

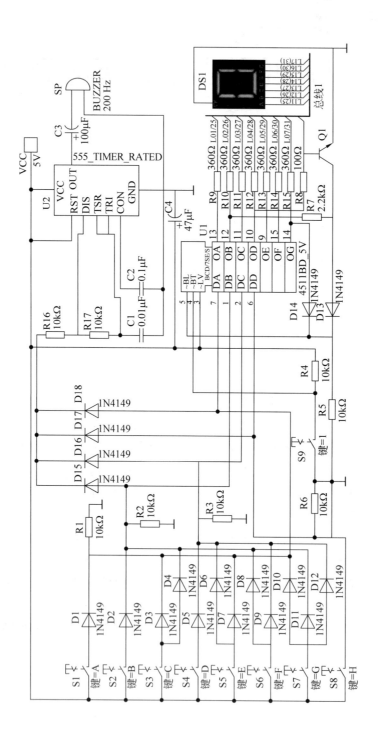

图 9.1 八路抢答器电路原理图

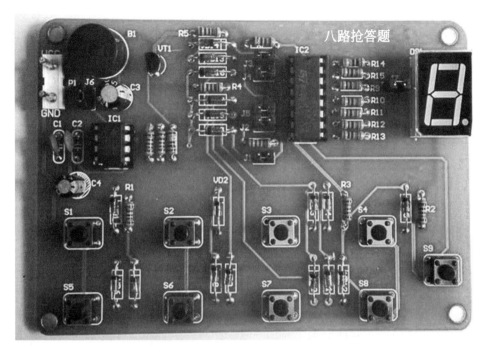

图 9.2　八路抢答器

任务 1　八路抢答器的装配

学习目标

- 能按照任务要求完成相关元器件的检测
- 能正确识读装配图
- 能按照锡焊工艺完成八路抢答器的安装
- 能理解八路抢答器的工作原理

子任务 1　元器件清单的制定

要求：根据八路抢答器电路原理图，在印制电路板焊接和产品安装前，应正确无误地填写完成元件清单表 9.1。

表 9.1　八路抢答器元器件清单

序号	元件名称	规格或型号	编号或作用	数量	配分	评分标准	得分
1					0.3	有一项填错,则该项不得分	
2					0.3	有一项填错,则该项不得分	
3					0.3	有一项填错,则该项不得分	
4					0.3	有一项填错,则该项不得分	
5					0.3	有一项填错,则该项不得分	

续表

序号	元件名称	规格或型号	编号或作用	数量	配分	评分标准	得分
6					0.3	有一项填错,则该项不得分	
7					0.3	有一项填错,则该项不得分	
8					0.3	有一项填错,则该项不得分	
9					0.3	有一项填错,则该项不得分	
10					0.3	有一项填错,则该项不得分	
11					0.3	有一项填错,则该项不得分	
12					0.3	有一项填错,则该项不得分	
13					0.3	有一项填错,则该项不得分	
14					0.3	有一项填错,则该项不得分	
15					0.3	有一项填错,则该项不得分	
16					0.3	有一项填错,则该项不得分	
17					0.3	有一项填错,则该项不得分	
18					0.3	有一项填错,则该项不得分	
19					0.3	有一项填错,则该项不得分	
20					0.3	有一项填错,则该项不得分	
21					0.3	有一项填错,则该项不得分	
22					0.3	有一项填错,则该项不得分	
23					0.3	有一项填错,则该项不得分	
24					0.3	有一项填错,则该项不得分	
25					0.3	有一项填错,则该项不得分	
26					0.3	有一项填错,则该项不得分	
27					0.3	有一项填错,则该项不得分	
28					0.3	有一项填错,则该项不得分	
29					0.3	有一项填错,则该项不得分	
30					0.3	有一项填错,则该项不得分	
31					0.3	有一项填错,则该项不得分	
32					0.3	有一项填错,则该项不得分	
33					0.3	有一项填错,则该项不得分	
34					0.3	有一项填错,则该项不得分	
35					0.3	有一项填错,则该项不得分	
36					0.3	有一项填错,则该项不得分	
37					0.3	有一项填错,则该项不得分	
38					0.3	有一项填错,则该项不得分	
39					0.3	有一项填错,则该项不得分	
40					0.3	有一项填错,则该项不得分	
41					0.3	有一项填错,则该项不得分	
42					0.3	有一项填错,则该项不得分	
43					0.3	有一项填错,则该项不得分	

序号	元件名称	规格或型号	编号或作用	数量	配分	评分标准	得分
44					0.3	有一项填错,则该项不得分	
45					0.3	有一项填错,则该项不得分	
46					0.3	有一项填错,则该项不得分	
47					0.3	有一项填错,则该项不得分	
48					0.3	有一项填错,则该项不得分	
49					0.3	有一项填错,则该项不得分	
50					0.3	有一项填错,则该项不得分	
51					0.3	有一项填错,则该项不得分	
52					0.3	有一项填错,则该项不得分	
53					0.3	有一项填错,则该项不得分	
54					0.3	有一项填错,则该项不得分	
子任务1得分							

子任务2 元器件的检测

要求:根据元件清单表,按照电子元器件检验标准,正确检测元器件,把检测结果填入表9.2中。

表9.2 元器件检测明细表

元器件		识别及检测内容			配分	评分标准	得分
		标称值(含误差)	测量值	测量挡位			
电阻器	R1				每支0.3分 共计5.1分	错1项,该电阻不得分	
		标称值	介质分类	质量判定	每支0.3分 共计0.6分	错1项,该电容不得分	
电容器							

续表

元器件	识别及检测内容			配分	评分标准	得分
七段数码管	段数	测量挡位	质量判断	每段计1分 共计7分	测试错误该项不得分	
	a					
	b					
	c					
	d					
	e					
	f					
	g					
按钮	常开触点	测量挡位	质量判断	每支0.3分 共计2.7分	测试错误该项不得分	
	S1					
	S2					
	S3					
	S4					
	S5					
	S6					
	S7					
	S8					
	S9					
集成芯片	画出 CD4511 管脚示意图		质量判断	2分	错误识别管脚该项不得分	
	CD4511					
	画出 NE555 管脚示意图		质量判断	2分	错误识别管脚该项不得分	
	NE555					
二极管	正向电阻	测量挡位	质量判断	每个0.3分 共计5.4分	测试错误该项不得分	
	D1					

元器件	识别及检测内容			配分	评分标准	得分
三极管	画外形示意图标出管脚名称	电路符号	质量判定	共 2 分	测试错误该项不得分	
子任务 2 得分						

子任务 3　八路抢答器的装配

要求：根据给出的八路抢答器装配图，将检测好的元器件准确地焊接在提供的印制电路板上。在印制电路板上所焊接的元器件的焊点大小适中、光滑、圆润、干净、无毛刺，无漏、假、虚、连焊，引脚加工尺寸及成形符合工艺要求；导线长度、剥线头长度符合工艺要求，芯线完好，捻线头镀锡。八路抢答器装配完成后，对照表 9.3 进行八路抢答器成品的外观检查。

表 9.3　八路抢答器外观检测表

内容	考核要求	配分	评分标准	得分
元器件	元器件应无裂纹、变形、脱漆、损坏 元器件上标识能清晰辨认		一个元器件不符合扣 0.5 分，共 3 分	
电路板	应无堆锡过多，渗到反面，产生短路现象 线路板不能出现焊盘脱落 同一类元件，在印制电路板上高度应一致		一处不合格扣 0.5 分，共 3 分	
焊接	不能出现剪坏的焊点 不能出现错焊、虚焊、脱焊、漏焊、焊锡搭接、焊接点拉尖 元器件应按照装配图正确安装在焊盘上 接线牢固、规范		一处不合格扣 0.5 分，共 3 分	
子任务 3 得分				

任务 2　八路抢答器的调试

学习目标

- 能按照任务要求完成八路抢答器首次通电检测
- 能解说八路抢答器的工作原理
- 能使用万用表和示波器检测八路抢答器

任务描述

完成八路抢答器的外观检测后，外观合格的产品进行通电检测，测试其功能是否完好。检测步骤和内容按如下方式进行测量与调试。

子任务 1　表决功能检测

该项计 10 分,有放大功能得分,否则不得分。

八路抢答器外观检测合格后,通电测试,注意电源电压为 5V 直流电,不可给电路板高于 5V 的电压,否则烧坏芯片。通电正常后,测试抢答器功能是否完好,按下抢答按钮观察数码管的状态。

子任务 2　电路逻辑测量

每小题 10 分,共计 30 分

测量时注意事项,表笔或探头要采取防滑措施。因任何瞬间短路都容易损坏 IC。可采取如下方法防止表笔滑动:取一段自行车用气门芯套在表笔尖上,并长出表笔尖约 0.5mm 左右,这既能使表笔尖良好地与被测试点接触,又能有效防止打滑,即使碰上邻近点不会短路。

万用表挡位:

1) 数字编码电路功能测量

电路逻辑测量表见表 9.4。

表 9.4　电路逻辑测量表

输　　　入								输　　出			
S1	S2	S3	S4	S5	S6	S7	S8	D	C	B	A
1	0	0	0	0	0	0	0				
0	1	0	0	0	0	0	0				
0	0	1	0	0	0	0	0				
0	0	0	1	0	0	0	0				
0	0	0	0	1	0	0	0				
0	0	0	0	0	1	0	0				
0	0	0	0	0	0	1	0				
0	0	0	0	0	0	0	1				

2) 数码显示电路测量

填写如表 9.5 所示结果表。

表 9.5　测量结果表

CD4511				数码管							
D	C	B	A	a	b	c	d	e	f	g	显示
0	0	0	0								
0	0	0	1								
0	0	1	0								
0	0	1	1								
0	1	0	0								
0	1	0	1								

续表

CD4511				数码管							
D	C	B	A	a	b	c	d	e	f	g	显示
0	1	1	0								
0	1	1	1								
1	0	0	0								
1	0	0	1								

子任务3　报警抢答电路

用示波器观测 NE555 芯片 3 脚的波形图,并画在图 9.3 中。

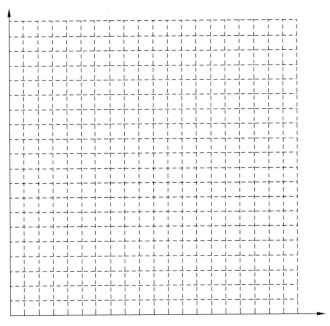

图 9.3　波形图

评价与考核

根据任务一、任务二与安全文明生产的考核结果,给予综合评价。填写表 9.6。

表 9.6　安全文明生产评价标准

内容	考核要求	配分	评分标准	得分
安全文明生产	严格遵守实习生产操作规程 安全生产无事故	5	违反规程每一项扣 2 分 操作现场不整洁扣 2 分 离开工位扣 2 分	
职业素养	学习工作积极主动、准时守纪 团结协作精神好 踏实勤奋、严谨求实	5		

姓名:　　　　　学号:　　　　　合计得分:

知识链接

1. 数码显示译码器

1) 七段发光二极管(LED)数码管

LED 数码管是目前最常用的数字显示器,图 9.4(a)、图 9.4(b)为共阴管和共阳管的电路,图 9.4(c)、图 9.4(d)为两种不同出线形式的引出脚功能图。

一个 LED 数码管可用来显示一位 0～9 十进制和一个小数点。小型数码管(0.5 寸和 0.36 寸)每段发光二极管的正向压降,随显示光(通常为红、绿、黄、橙色)的颜色不同略有差别,通常约为 2～2.5V,每个发光二极管的点亮电流在 5～10mA。LED 数码管要显示 BCD 码所表示的十进制数字就需要有一个专门的译码器,该译码器不但要完成译码功能,还要有相当的驱动能力,本项目用 CD4511 来驱动 7 段发光数码管。

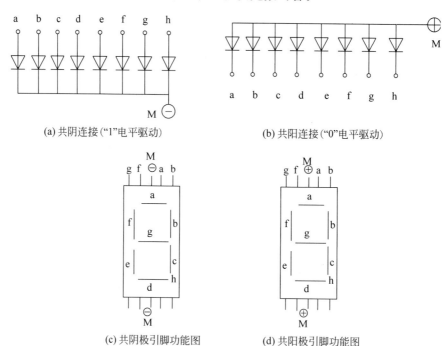

(a) 共阴连接("1"电平驱动)　　　　(b) 共阳连接("0"电平驱动)

(c) 共阴极引脚功能图　　　　(d) 共阳极引脚功能图

图 9.4　七段发光数码管电路

2. CD4511 芯片介绍

CD4511 是一个用于驱动共阴极 LED(数码管)显示器的 BCD 码—七段码译码器,特点如下:具有 BCD 转换、消隐和锁存控制、七段译码及驱动功能的 CMOS 电路能提供较大的拉电流。图 9.5 为 CD4511 引脚排列。

其功能介绍如下,BI:4 脚是消隐输入控制端,当 BI＝0 时,不管其他输入端状态如何,七段数码管均处于熄灭(消隐)状态,不显示数字。LT:3 脚是测试输入端,当 BI＝1,LT＝0 时,译码输出全为 1,不管输入 DCBA 状态如何,七段均发亮,显示 8。它主要用来检测数码管是否损坏。LE:锁定控制端,当 LE＝0 时,允许译码输出。LE＝1 时译码器是锁定保持状态,译码器输出被保持在 LE＝0 时的数值。DCBA 为 8421BCD 码输入端。a、b、c、d、e、f、g 为译码输出端,输出为高电平 1 有效。CD4511 的内部有上拉电阻,在输入端与数码管笔段端接上限流电阻就可工作。另外,CD4511 显示数 6 时,a 段消隐;显示数 9 时,d 段消隐,所以显示 6、9 这两个数时,字形不太美观。

1) CD4511 的引脚

CD4511 是常用的七段显示译码驱动器,它的内部除了七段译码电路外,还有锁存电路和输出驱动器部分,输出电流大,最大可达 25mA,可直接驱动 LED 数码管。CD4511 由 4 个输入端 A/B/C/D 和 7 个输出端 a～g,它还具有输入 BCD 码锁存、灯测试和熄灭控制功能,它们分别由锁存端 LE、灯测试 LT、熄灭控制端 BI 来控制。

图 9.5　CD4511 引脚图

各引脚如图 9.5 所示:7、1、2、6 分别表示 BCD 码的 A、B、C、D 位;5、4、3 分别表示 LE、BI、LT;13、12、11、10、9、15、14 分别表示 a、b、c、d、e、f、g;引脚 8、16 分别表示的是 GND、Vcc。

其功能介绍如下:

BI:4 脚是消隐输入控制端。当 BI＝0 时,不管其他输入端状态如何,七段数码管均处于熄灭(消隐)状态,不显示数字。

LT:3 脚是测试输入端。当 BI＝1,LT＝0 时,译码输出全为 1,不管输入 DCBA 状态如何,七段均发亮,显示"8"。如果该端为低电平,则译码器输出全为高电平,该端拥有最高级别权限,只要它为"0",即有上述现象,而与其余所有输入端状态无关。这一功能主要用于测试目的,因此正常使用中应接高电平。

LE:5 脚是锁定控制端。当 BI、LT 为 1 时,若该端为高电平,则加在 A、B、C、D 端的外部编码信息不能进入译码,所以译码器的输出状态保持不变;当 LE＝0 时,则 A、B、C、D 端的 BCD 码一经改变,译码器就立即输出新的译码值。

A、B、C、D:为 8421BCD 码输入端。

a、b、c、d、e、f、g:为译码输出端,输出为高电平 1 有效。

2) 译码驱动功能

编码器实现了对开关信号的编码,并以 BCD 码的形式输出,为了将输出的 BCD 码能够显示出来,需要用译码显示电路,选择常用的七段译码显示驱动器 CD4511 作为译码电路。CD4511 真值表如表 9.7 所示。

CD4511 译码用两级或非门担任,为了简化线路,先用二输入端与非门对输入数据 B、C 进行组合,得出四项,然后将输入的数据 A、D 一起用或非门译码。

表 9.7　CD4511 真值表

| 输　　入 | | | | | | | 输　　出 | | | | | | | |
LE	$\overline{BI}$	$\overline{LT}$	D	C	B	A	a	b	c	d	e	f	g	显示
X	X	0	X	X	X	X	1	1	1	1	1	1	1	8
X	0	1	X	X	X	X	0	0	0	0	0	0	0	消隐
0	1	1	0	0	0	0	1	1	1	1	1	1	0	0
0	1	1	0	0	0	1	0	1	1	0	0	0	0	1

续表

输　入							输　出							
LE	$\overline{BI}$	$\overline{LT}$	D	C	B	A	a	b	c	d	e	f	g	显示
0	1	1	0	0	1	0	1	1	0	1	1	0	1	2
0	1	1	0	0	1	1	1	1	1	1	0	0	1	3
0	1	1	0	1	0	0	0	1	1	0	0	1	1	4
0	1	1	0	1	0	1	1	0	1	1	0	1	1	5
0	1	1	0	1	1	0	0	0	1	1	1	1	1	6
0	1	1	0	1	1	1	1	1	1	0	0	0	0	7
0	1	1	1	0	0	0	1	1	1	1	1	1	1	8
0	1	1	1	0	0	1	1	1	1	0	0	1	1	9
0	1	1	1	0	1	0	0	0	0	0	0	0	0	消隐
0	1	1	1	0	1	1	0	0	0	0	0	0	0	消隐
0	1	1	1	1	0	0	0	0	0	0	0	0	0	消隐
0	1	1	1	1	0	1	0	0	0	0	0	0	0	消隐
0	1	1	1	1	1	0	0	0	0	0	0	0	0	消隐
0	1	1	1	1	1	1	0	0	0	0	0	0	0	消隐
1	1	1	X	X	X	X			锁		存			

3）锁存优先功能

由于抢答器都是多路即须满足多位抢答者抢答要求,这就有一个先后判定的锁存优先电路,确保第一个抢答信号锁存住。同时数码显示并拒绝后面抢答信号的干扰。CD4511内部电路与 Q1,R7,R8,D13,D14 组成的控制电路(见表 9.7CD4511 真值表)可完成这一功能。当抢答键都未按下时,因为 CD4511 的 BCD 码输入端都有表接地电阻(10 kΩ),所以BCD 码的输入端为"0000",则 CD4511 的输出端 a、b、c、d、e、f 均为高电平,g 为低电平。通过对 0~9 这 10 个数字的分析可以看到,只当数字为 0 时,才出现 d 为高电平,而 g 为低度电平,这时 Q1 导通,D13,D14 的阳极均为低电平,使 CD4511 的第 5 脚(即 LE 端)为低电平"0",这种状态下,CD4511 没有锁存而允许 BCD 码输入。在抢答准备阶段,主持人会按复位键,数显为"0"态,正是这种情况下,抢答开始,当 S1~S8 任一键按下时,CD4511 的输出端 d为低电平或输出端 g 为高电平,这两种状态必有一个存在或都存在,迫使 CD4511 的第 5 脚(即 LE 端)由 0 到 1,反映抢答键信号的 BCD 码允许输入,并使 CD4511 的 a、b、c、d、e、f、g七个输出锁存保持在 LE 为 0 时输入的 BCD 码的显示状态。例如 S1 按下,数码管应显示 1,此时仅 e、f 为高电平,而 d 为低电平,此时三极管 Q1 的基极亦为低电平,集电极为高电平,经 D13 加至 CD4511 第 5 脚(即 LE 端),即 LE 由 0-1 状态,则在 LE 为"0"时输入给 CD4511的第一个 BCD 码数据被判定优先而锁存,所以数码管显示对应 S1 送来的信号是 1,S1 之后的任一按键信号都不显示。为了进行下一题的抢答,主持人需要按下复位键 S9,清除锁存器内的数值,数显先是熄灭一下,再复显"0"状态,此后若 S5 键第一个按下,这时应立即显"5",与此同时 CD4511 的输出端 14 脚 g 为高电平,10 脚 d 为低电平,12 脚 b 为低电平,Q1截止,并通过 D14 使 CD4511 的第 4 脚为高电平,此时 LE 呈 0—1 状态,于是电路判定优先锁存,后边输入的其他按键信号被封住,可见电路"优先锁存"后,任何抢答键均失去作用。

3．抢答器中的数字编码电路电路

共阴式 LED 数码管的原理图如图 9.4(a)共阴连接("1"电平驱动)所示,使用时,共阴极接地,7 个阳极 a~g 由相应的 BCD 七段译码器来驱动。数码管接 0.5 寸共阴数码管。

参考电路如图 9.1 所示,S1~S8 组成 18 路抢答器,D1~D12 组成数字编码器。该电路完成的功能是:通过编码二极管编成 BCD 码,将高电平加到 CD4511 所对应的输入端。从CD4511 的引脚可以看出,引脚 6、2、1、7 分别为 BCD 码的 D、C、B、A 位(D 为高位,A 为低位,即 D、C、B、A 分别代表 BCD 码 8、4、2、1 位)。

工作过程:当电路上电,主持人按下复位键,选手就可以开始抢答。当选手 1 按下 S1抢答键,高电平通过编码二极管 D1 加到 CD4511 集成芯片的 7 脚(A 位),7 脚为高电平,1、2、6 脚保持低电平,此时 CD4511 输入 BCD 码为"0001";当选手 2 按下 S2 抢答键,高电平通过编码二极管 D2 加到 CD4511 集成芯片的 1 脚(B 位),1 脚为高电平,2、6、7 脚保持低电平,此时 CD4511 输入 BCD 码为"0010";当选手 3 按下 S3 抢答键,高电平通过编码二极管D3、D4 加到 CD4511 集成芯片的 1、7 脚(B、A 位),1、7 脚为高电平,2、6 脚保持低电平,此时 CD4511 输入 BCD 码为"0011";当选手 4 按下 S4 抢答键,高电平通过编码二极管 D5 加到 CD4511 集成芯片的 2 脚(C 位),2 脚为高电平,1、6、7 脚保持低电平,此时 CD4511 输入BCD 码为"0100";当选手 5 按下 S5 抢答键,高电平通过编码二极管 D6、D7 加到 CD4511集成芯片的 2、7 脚(C、A 位),2、7 脚为高电平,1、6 脚保持低电平,此时 CD4511 输入 BCD码为"0101";当选手 6 按下 S6 抢答键,高电平通过编码二极管 D8、D9 加到 CD4511 集成芯片的 1、2 脚(B、C 位),1、2 脚为高电平,6、7 脚保持低电平,此时 CD4511 输入 BCD 码为"0110";当选手 7 按下 S7 抢答键,高电平通过编码二极管 D10、D11、D12 加到 CD4511 集成芯片的 1、2、7 脚(B、C、A 位),1、2、7 脚为高电平,6 脚保持低电平,此时 CD4511 输入BCD 码为"0111";当选手 8 按下 S8 抢答键,高电平加到 CD4511 集成芯片的 6 脚(D 位),6脚为高电平,1、2、7 脚保持低电平,此时 CD4511 输入 BCD 码为"1000"。输入的 BCD 码就是键的号码,并自动地由 CD4511 内部电路译码成十进制数在数码管上显示。

4．RS 触发器基础知识

触发器是能够存储一位二进制码的逻辑电路,它有两个互补输出端,其输出状态不仅与输入有关,还与原先的输出状态有关,是构成时序逻辑电路的基本部件。

触发器的种类很多,按照逻辑功能的不同,触发器可分为 RS 触发器、JK 触发器、D 触发器、T 触发器和 T′触发器。本项目介绍 RS 触发器。

1) 基本 RS 触发器

基本 RS 触发器是各类触发器中最简单的一种,是构成其他触发器的基本单元。电路构成可由与非门组成,以下将讨论由与非门组成的 RS 触发器。

(1) 电路组成及符号。由与非门及反馈线路构成的基本 RS 触发器电路见图 9.6(a),输入端 $\bar{S}$ 和 $\bar{R}$。电路有两个互补的输出端 Q 和 $\bar{Q}$,其中 Q 成为触发器的状态,有 0、1 两种稳定状态。若 $Q=1$、$\bar{Q}=0$,则称触发器处于 1 态,若 $Q=1$、$\bar{Q}=1$,则称触发器处于 0 态。触发器的逻辑符号如图 9.6(b)、图 9.6(c)所示。

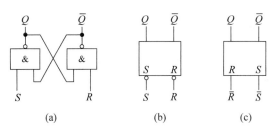

图 9.6　RS 触发器电路图和逻辑符号

(2) 逻辑功能分析。

当 $\overline{R}=\overline{S}=0$, $Q=\overline{R}=1$ 时,该状态容易导致空翻现象,不是触发器的定义状态,所以称为不定状态。为了避免不定状态的产生,输入信号有 $\overline{R}+\overline{S}=1$ 的约束条件。

当 $\overline{R}=0$, $\overline{S}=1$ 时,触发器的初态不管是 0 还是 1,G2 门输出 $\overline{Q}=1$;当 G1 门的输入全为 1 时,则输出 Q 为 0,触发器置 0。

当 $\overline{R}=1$, $\overline{S}=0$ 时,G1 门输出 $Q=1$,当 G2 门的输入全为 1,则输出 $\overline{Q}=0$,触发器置 1。

当 $\overline{R}=\overline{S}=1$ 时,基本 RS 触发器无信号输入,触发器保持原有的状态不变。

根据以上分析,把逻辑关系列成真值表,这种真值表称为触发器的特性表,也可称为功能表(见表 9.8)

表 9.8　基本 RS 触发器功能表

$\overline{R}$	$\overline{S}$	Q_n	Q_{n+1}	说　明
0	0	0	×	触发器状态不定
0	0	1	×	
0	1	10	0	触发器置 0
0	1	1	0	
1	0	0	1	触发器置 1
1	0	1	1	
1	1	0	0	触发器保持原状态
1	1	1	1	

其中,Q_n 称为现态,即触发器输入信号送入之前输出端的状态。Q_{n+1} 称为次态,及触发器外加输入信号之后输出态的状态。

(3) 基本 RS 触发器的特点。基本 RS 触发器的动作特点。把输入信号 $\overline{R}$ 和 $\overline{S}$ 直接加在与非门的输入端,在输入端信号作用的全部时间内,$\overline{R}=0$ 或 $\overline{S}=0$ 都能直接改表触发器的输出 Q 和 $\overline{Q}$ 状态,这就是基本 RS 触发器的动作特点。因此,把 $\overline{R}$ 称为直接复位端,$\overline{S}$ 称为直接置位端。

基本 RS 触发器的优缺点如下。

优点:电路简单,是构成各种触发器的基础。

缺点:输出受输入信号直接控制,不能定时控制,有约束条件。

2) 同步 RS 触发器

在数字系统中,为协调各部分的工作状态,需要由始终 CP 来控制触发器按统一的节拍同步动作,由时钟脉冲控制的触发器称为时钟触发器。时钟触发器又可分为同步时钟触发器、主从触发器和边沿触发器。接下来重点讨论同步 RS 触发器。

（1）电路组成及符号。同步 RS 触发器是在基本 RS 触发器的基础上增加两个控制门及一个控制信号，让输入信号经过控制门传送（见图 9.7）。

G1，G2 门组成基本 RS 触发器，G3，G4 门是控制门，CP 为控制信号，称为时钟脉冲信号或选通信号。在图 9.7 中，CP 为时钟控制端，控制门 G3，G4 门的开通和关闭；R，S 为信号输入端，Q，$\bar{Q}$ 为输出端。

（2）逻辑功能分析。

当 $CP=0$ 时，G3，G4 门被封锁，输出为 1，无论输入信号 R，S 如何变化，触发器的状态不变。

当 $CP=1$ 时，G3，G4 门被打开，输出由 R，S 如何变化决定，触发器的状态随触发器的输入信号 R，S 的变化而改变。

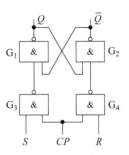

图 9.7　同步 RS 触发器

根据与非门和基本 RS 触发器的逻辑功能，可列出同步 RS 触发器的功能真值表如表 9.9 所示。

表 9.9　同步 RS 触发器功能表

CP	R	S	Q_n	Q_{n+1}	说　明
0	×	×	0	0	输入信号封锁触发器状态不变
0	×	×	1	1	
1	0	0	0	0	触发器状态不变
1	0	0	1	1	
1	0	1	0	1	触发器置 1
1	0	1	1	1	
1	1	0	0	0	触发器置 0
1	1	0	1	0	
1	1	1	0	不定	触发器状态不定
1	1	1	1	不定	

同步 RS 触发器的特性方程为

$$\begin{cases} Q_{n+1}=S+\bar{R}Q_n \\ RS=0 \text{ 约束条件} \end{cases}$$

（3）动作特点。

①时钟电平控制。在 $CP=1$ 期间接受信号，$CP=0$ 时状态保持不变，与基本 RS 触发器相比，同步 RS 触发器对触发器状态的转变增加了时间控制。但在 $CP=1$ 期间内，由于输入信号的多次变化，会引起触发器多次翻转，此现象称为触发器的"空翻"，"空翻"降低了触发器的抗干扰能力，这是同步 RS 触发器的一个缺点。另外，它只能用于数据锁存，不能用于计数器、寄存器、存储器等。

② RS 之间有约束。不允许出现 R 和 S 同时为 1 的情况，否则会让触发器处于不确定的状态。

5. NE555 芯片介绍

NE555P 是一块通用时基电路,电路包含 24 个晶体管,2 个二极管和 17 个电阻,组成阈值比较器、触发比较器、RS 触发器、复位输入、放电和输出等 6 部分。采用 DIP8、SOP8 封装形式。如图 9.8 所示。

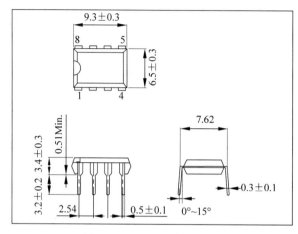

图 9.8　NE555 封装外形图

主要特点:

- 关闭时间小于 $2\mu s$。
- 最大工作频率大于 500kHz。
- 定时可从微秒级至小时级(由外接电阻电容精确控制)。
- 可工作于振荡方式或单稳态方式。
- 输出电流大,200mA(可提供或灌入)。
- 占空比可调。
- 可同 TTL 电路相接。
- 温度稳定性好,0.005%/℃。

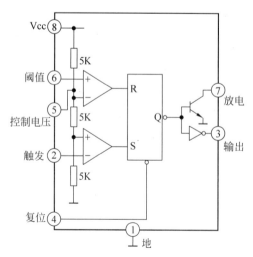

图 9.9　NE555 功能框图

如图 9.9 所示为 NE555 的引脚图,8 脚是集成电路工作电压输入端,电压为 5～18V,以 V_{CC} 表示;从分压器上看出,上比较器 6 脚 $A1$ 的 5 脚接在 $R1$ 和 $R2$ 之间,所以 5 脚的电压固定在 $2V_{CC}/3$ 上;下比较器 $A2$ 接在 $R2$ 与 $R3$ 之间,$A2$ 的同相输入端电位被固定在 $V_{CC}/3$ 上。1 脚为地。2 脚为触发输入端;3 脚为输出端,输出的电平状态受触发器控制,而触发器受上比较器 6 脚和下比较器 2 脚的控制。当触发器接受上比较器 $A1$ 从 R 脚输入的高电平时,触发器被置于复位状态,3 脚输出低电平;2

脚和 6 脚是互补的,2 脚只对低电平起作用,高电平对它不起作用,即电压小于 $1V_{CC}/3$,此时 3 脚输出高电平。6 脚为阈值端,只对高电平起作用,低电平对它不起作用,即输入电压大于 $2V_{CC}/3$,称高触发端,3 脚输出低电平,但有一个先决条件,即 2 脚电位必须大于 $1V_{CC}/3$ 时才有效。3 脚在高电位接近电源电压 V_{CC},输出电流最大可打 200mA。4 脚是复位端,当 4 脚电位小于 0.4V 时,不管 2、6 脚状态如何,输出端 3 脚都输出低电平。5 脚是控制端。7 脚称放电端,与 3 脚输出同步,输出电平一致,但 7 脚并不输出电流,所以 3 脚称为实高(或低)、7 脚称为虚高。

1) 电路组成

555 集成电路开始是作定时器应用的,所以叫做 555 定时器或 555 时基电路。但后来经过开发,它除了作定时延时控制外,还可用于调光、调温、调压、调速等多种控制及计量检测。此外,还可以组成脉冲振荡、单稳、双稳和脉冲调制电路,用于交流信号源、电源变换、频率变换、脉冲调制等。由于它工作可靠、使用方便、价格低廉,目前被广泛用于各种电子产品中,555 集成电路内部有几十个元器件,有分压器、比较器、基本 R-S 触发器、放电管以及缓冲器等,电路比较复杂,是模拟电路和数字电路的混合体,如图 9.10 所示。

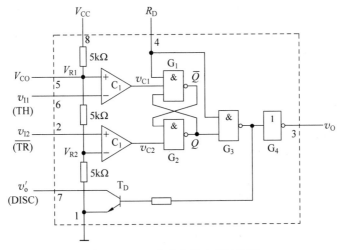

图 9.10　555 集成电路内部结构图

电阻分压器:由 3 个阻值为 5kΩ 的电阻串联在一起构成,为比较器提供参考电压。

电压比较器:比较器 C1 的同相输入端 $U_+ = (2/3)V_{CC}$,比较器 C2 的反相输入端 $U_- = (1/3)V_{CC}$。V_{C0} 端为外加控制端,通过该端的外交电压 V_{C0} 可改变 C1 和 C2 的参考电压。工作中不使用 V_{C0} 端时,一般都通过一个 0.01μF 的电容接地,以防旁路高频干扰。

基本 RS 触发器:由两个与非门 G1 和 G2 组成,两个比较器的输出信号决定触发器的输出端状态。$\overline{R_D}$ 是专门设置的可从外部进行置 0 的复位端。正常工作时,必须使 $\overline{R_D}$ 处于高电平。

放点三极管 VTD:VTD 是集电极开路的三极管。当基极为低电平时,VTD 三极管截止;当基极为高电平时,VTD 三极管饱和导通。

2) 工作原理

当定时器 5 脚悬空时,比较器 C1 和 C2 的比较电压分别为 $2/3V_{CC}$ 和 $1/3V_{CC}$。

当 $u_{I1}>\dfrac{2}{3}V_{CC}$，$u_{I2}>\dfrac{1}{3}V_{CC}$ 时，比较器 C1 输出低电平，比较器 C2 输出高电平，基本 RS 触发器被置 0，放电三极管 VTD 导通，输出端 u_0 为低电平。

当 $u_{I1}<\dfrac{2}{3}V_{CC}$，$u_{I2}<\dfrac{1}{3}V_{CC}$ 时，比较器 C1 输出高电平，比较器 C2 输出低电平，基本 RS 触发器被置 1，放电三极管 VTD 截止，输出端 u_0 为高低电平。

当 $u_{I1}<\dfrac{2}{3}V_{CC}$，$u_{I2}>\dfrac{1}{3}V_{CC}$ 时，比较器 C1 输出高电平，比较器 C2 输出高电平，基本 RS 触发器 $\overline{R}=\overline{S}=1$ 时，基本 RS 触发器无信号输入，触发器保持原有的状态不变。

表 9.10 显示了集成定时器逻辑真值表。

表 9.10　555 集成定时器逻辑真值表

输　入			输　出		功　能
$\overline{R_D}$	u_{I1}	u_{I2}	Q^{n+1}	放电三极管 VT	
0	×	×	0	导通	直接清零
1	$>\dfrac{2}{3}V_{CC}$	$>\dfrac{1}{3}V_{CC}$	0	导通	置 0
1	$<\dfrac{2}{3}V_{CC}$	$<\dfrac{1}{3}V_{CC}$	1	截止	置 1
1	$<\dfrac{2}{3}V_{CC}$	$>\dfrac{1}{3}V_{CC}$	Q^n	不变	保持

3）555 定时器的应用

（1）用 555 定时器构成单稳态触发器。单稳态触发器在数字电路中一般用于定时（产生一定宽度的矩形市）整形（把不规则的波转换成宽度、幅度都相等的波形）和延时（把输入信号延迟一定时间后输出）等。单稳态触发器具有如下特点。

① 电路有一个稳态和一个暂稳态。

② 在外来触发脉冲作用下，电路由稳态翻转到暂稳态。

③ 暂稳态是一个不能持久的状态，经过一段时间后电路会自动返回到稳态。

暂稳态的持续时间与触发脉冲无关，仅由电路本身的参数决定由 555 集成定时器构成的单稳态触发器及其工作波形如图 9.11 所示。其中 R，C 是外接定时元器件；u_i 是输入触发信号，接在触发输入端 $\overline{TR}$（2 端），下降沿有效；阈值输入端 TH（6 端）和 D 端（7 端）连接在一起。

电源接通瞬间，电路有一个稳定的过程，即电源 V_{CC} 通过 R 对电容 C 充电，当 V_c 上升到 $2/3V_{CC}$ 时，比较器 C1 输出为 0，将触发器置 0，$V_0=0$。这时 $\overline{Q}=1$，放电三极管 VTD 导通，C 通过 VTD 放电，电路进入稳态。

当触发信号 u_i 到来时，因为此时 $u_i<1/3V_{CC}$，使比较器 C2 输出为 0，触发器发生翻转（置 1），u_0 又由 0 变为 1，电路进入暂稳态。由于此时 $\overline{Q}=0$，放电三极管 VTD 截止，V_{CC} 经 R 对 C 充电。虽然此时触发脉冲已消失，比较器 C2 的输出变为 1，但充电继续进行，直到 u_c 上升到 $2/3V_{CC}$ 时，电路又发生翻转，比较器 C1 输出为 0，将触发器置 0，电路输出 $u_0=0$，

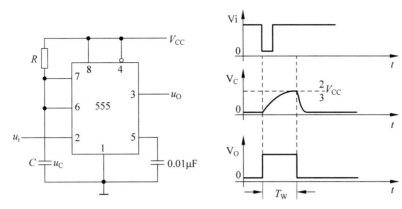

图 9.11　用 555 集成定时器组成的单稳态触发器及波形

VTD 导电,电容 C 放电,电路恢复到稳定状态。

忽略放电三极管 VTD 的饱和压降,则电容电压 u_c 从 0 充电上升到 $2/3V_{CC}$ 所需的时间,即为输出电压 u_0 的脉宽 t_p,它等于暂稳态的持续时间,主要由电阻 R 和电容 C 的大小决定。

$$t_p = RC\ln 3 \approx 1.1RC$$

通常,R 的取值在几百欧姆至几兆欧姆,C 的取值为几百皮法到几百微法,因此脉冲宽度 t_p 可从几个微秒到数分钟。

(2) 用 555 定时器构成多谐振荡器。多谐振荡器是一种自激振荡电路,工作时不需要任何外加的触发信号,只要接通电源,它就能自动产生一定频率和幅值的矩形脉冲信号。因为矩形波中含有丰富的高次谐波分量,所以把矩形波振荡器叫做多谐振荡器。由于多谐振荡器在工作过程中不存在稳定状态,故又称为无稳态电路。

由 555 集成定时器构成的多谐振荡器及工作波形如图 9.12 所示。R_1,R_2 和 C 是外接定时元器件。阈值输入端 TH(6 端)和触发输入端 $\overline{TR}$(2 端)联接在一起,借助 u_c 作为触发输入信号,无外接输入信号。

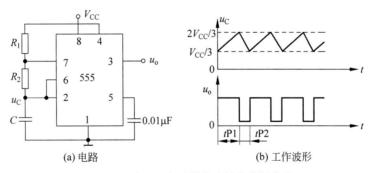

(a) 电路　　　　　　　(b) 工作波形

图 9.12　由 555 定时器构成的多谐振荡器

接通电源 V_{CC} 后,V_{CC} 经 R_1 和 R_2 对 C 充电,上升。当 u_c 上升到 $2/3V_{CC}$ 时,触发器被复位,$u_0 = 0$,VTD 导通通过 R2 和 VTD 放电,u_c 下降。当 u_c 下降到 $1/3V_{CC}$ 时,触发器又被置位,u_0 又由 0 变为 1,VTD 截止,V_{CC} 又经 R_1 和 R_2 对 C 充电。如此重复上述过程,在输出端 u_0 产生了连续的矩形脉冲。

6. 抢答器中的报警电路

抢答器报警电路由 NE555 接成音多谐振荡器,其中 $R_{16}=R_{17}=10\text{k}\Omega$,扬声器通过 $100\mu\text{F}$ 的电容器接在 NE555 IC 的 3 脚与地(GND)之间。$C_1=0.01$,R16 没有直接和电源相接,而是通过四只 1N4148 组成二极管或门电路,四只二极管的阳极分别接 CD4511 的 1,2,6,7 脚,任何抢答按键按下,报警电路都能振荡发出讯响声。

由 NE555 接成音多谐振荡器构成的报警电路如图 3-4-1 所示。其中 555 构成多谐振荡器,振荡频率 $fo=1.43/[(R_1+2R_2)C]$,其输出信号经三极管推动扬声器。PR 为控制信号,当 PR 为高电平时,多谐振荡器工作,反之,电路停振。

555 构成的多谐振荡器的工作原理如图 3-4-2 所示:接通电源 V_{CC} 后,V_{CC} 经电阻 R_1 和 R_2 对电容 C 充电,其电压 u_c 由 0 按指数律上。当 $u_c \geq 2/3\ V_{cc}$ 时,电压比较器 C_1 和 C_2 的输出分别为 $uc1=0, uc2=1$,基本 RS 触发器被置 0,Q 等于 0,Q 非等于 1,输出 u_O 跃到低电平 U_{OL}。于此同时。放电管 V 导通,电容 C 经电阻 R_2 和放电管 V 放电,电路进入暂稳态。

随着电容 C 的放电,u_c 随之下降。当 u_c 下降到 $u_c \leq 1/3 V_{CC}$ 时,则电压比较器 C_1 和 C_2 的输出 $uc_1=1$ 和 $uc_2=0$,基本 RS 触发器被置为 1,Q 等于 1,Q 非等于 0,输出 u_O 由低电平 U_{OL} 跃到高电平 U_{OH}。同时因 Q 非等于 0,放电管 V 截止,电源 V_{CC} 又经过 R_1 和 R_2 对电容 C 充电。电路又回到第一暂稳态。因此,电容 C 上的电压 u_c 在 $2/3V_{CC}$ 和 $1/3V_{CC}$ 之间来回充电和放电,从而使电路产生振荡,输出矩形脉冲。

将 NE555 多谐振荡器与成音多谐振荡器连接起来,前一个振荡器的输出接到后一个振荡器的复位端,后一个振荡器的输出接到扬声器上。这样,只有当前一个振荡器输出高电平时,才驱动后一个振荡器振荡,扬声器发声;而前一个振荡器输出低电平时,导致后面振荡器复位并停止振荡,此时扬声器无音频输出。

7. 抢答器的工作原理

如图 9.13 所示为抢答器原理图,电容器接在 NE555 IC 的 3 脚与地(GND)之间。$C_1=0.01$,R_{16} 没有直接和电源相接,而是通过四只 1N4148 组成二极管或门电路,四只二极管的阳极分别接 CD4511 的 1,2,6,7 脚,任何抢答按键按下,讯响电路都能振荡发出讯响声。

S1-S8 组成 1-8 路抢答键,D1-D12 组成数字编码器,任一抢答案键按下,都须通过编码二极管编成 BCD 码,将高电平加到 CD4511 所对应的输入端,从 CD4511 的引脚可以看出,引脚 6,2,1,7 分别为 BCD 码的 D,C,B,A 位(D 为高位,A 为低位,即 D,C,B,A 分别代表 BCD 码 8,4,2,1 位)。设 S8 键按下,高电平加到 CD4511 的 6 脚,而 2,1,7 脚保持低电平,此时 CD4511 输入 BCD1000。又如设 S5 键按下,此时高电平通过两只二极管 D6,D7 加到 CD4511 的 2 脚与 7 脚,而 6,1 脚保持低电平。此时 CD4511 输入的 BCD 码是 0101,依此类推,按下第几号抢管键,输入的 BCD 码就是键的号码并自动地由 CD4511 内部电路译码成十进制数在数码管上显示。

由于抢答器都是多路即须满足多位抢答者抢答要求,这就有一个先后判定的锁存优先电路,确保第一个抢答信号锁存住,同时数码显示并拒绝后面抢答信号的干扰。CD4511 内

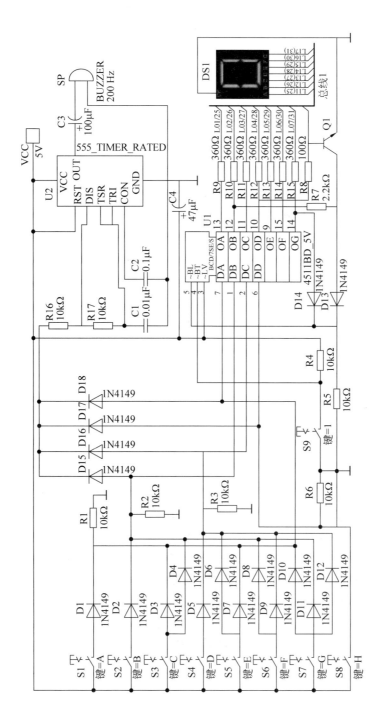

图9.13　8路抢答器原理图

部电路与 Q1,R7,R8,D13,D14 组成的控制电路可完成这一功能,当抢答键都未按下时,因为 CD4511 的 BCD 码输入端都有接地电阻(10kΩ),所以 BCD 码的输入端为 0000。则 CD4511 的输出端 a,b,c,d,e,f 均为高电平,g 为低电平。通过对 0-9 这 10 个数字的分析(见 CD4511 真值表)可以看到,只当数字为 0 时,才出现 d 为高电平而 g 为低度电平,这时 Q1 导通,D13、D14 的阳极均为低电平,使 CD4511 的第 5 脚,即 LE 端为低电平 0。这种状态下,CD4511 没有锁存而允许 BCD 码输入,在抢答准备阶段,主持人会按复位键数显为 0 态。正是这种情况下,抢答开始。当 S1-S8 任一键按下时,CD4511 的输出端 d 为低电平或输出端 g 为高电平,这两种状态必有一个存在或都存在,迫使 CD4511 的 LE 端(第 5 脚)由 0 到 1,反映抢答键信号的 BCD 码允许输入,并使 CD4511 的 a,b,c,d,e,f,g 七个输出锁存保持在 LE 为 0 时输入的 BCD 码之显示状态。例如 S1 按下,数码管应显示 1,此时仅 e,f 为高电平,而 d 为低电平。此时三极管 Q1 的基极亦为低电平,集电极为高电平。经 D13 加至 CD4511 第 5 脚,即 LE 由 0-1 状态。则在 LE 为 0 时输入给 CD4511 的第一个 BCD 码数据,被判定优先而锁存。所以数码管显示对应 S1 送来的信号是 1,S1 之后的任一按键信号都不显示。为了进行下一题的抢答,主持人顺先按下复位键 S9,清除锁存器内的数值,数显先是熄灭一下,再复 0 显状态,此后若 S5 键第一个按下,这时应立即显 5。与此同时 CD4511 的输出端 14 脚 g 为高电平(10 脚 d 为低电平,12 脚 b 为低电平,Q1 截止)并通过 D14 使 CD4511 的第 4 脚为高电平。此时 LE 呈 0—1 状态,于是电路判定优先锁存。后边接蹲面来的其他按键信号被封住,可见电路"优先锁存"后,任何抢答键均失去作用。

习题

(1) 触发器有（　　）个稳态,存储 8 位二进制信息要（　　）个触发器。

(2) 一个基本 RS 触发器在正常工作时,它的约束条件,则它不允许输入（　　）信号。

(3) 一个基本 RS 触发器在正常工作时,不允许输入 R＝S＝1 的信号,因此它的约束条件是（　　）。

(4) 在一个 CP 脉冲作用下,引起触发器两次或多次翻转的现象称为触发器的空翻,触发方式为（　　）式或（　　）式的触发器不会出现这种现象。

(5) 半导体数码显示器的内部接法有两种形式（　　）和（　　）。

(6) 对于共阳接法的发光二极管数码显示器,应采用（　　）驱动的七段显示译码器。

(7) 时序逻辑电路按照其触发器是否有统一的时钟控制分为（　　）和（　　）。

(8) 多谐振荡器可产生（　　）脉冲。

(9) 一位 8421BCD 码计数器至少需要（　　）个触发器。

(10) 用二进制码表示指定离散电平的过程称为（　　）。

参 考 文 献

[1] 傅慈英,余立成.建筑电气工程施工质量验收规范：GB50303—2015[S].北京：中国计划出版社，2015,6-19

[2] 张燕敏.电工进网作业许可续期注册培训教材[M].1版.北京：社会科学文献出版社,2009.

[3] 王金元,孙兰.民用建筑电气设计标准：GB51348—2019[S].北京：中国建筑工业出版社,2019：9-137

[4] 国家电网公司办公厅.国家电网公司电力安全工器具管理规定(试行)：国家电网安监[2005]516号[EB].北京：国家电网公司,2005：1-38. https://wenku.baidu.com/view/317d2c21814d2b160b4e767f5acfa1c7aa008285.html

[5] 赵水业.电力安全工器具操作技能手册[M].1版.北京：中国电力出版社,2019

[6] 周卫新,荆津.电气装置安装工程低压电器施工及验收规范：GB50254—2014[S].北京：中国计划出版社,2014

[7] 赵锂.建筑电气常用数据：19DX101-1[S].北京：中国计划出版社,2019

[8] 徐晓峰,韩长武.电缆的导体：GB/T 3956—2008[S].北京：中国标准出版社,2009

[9] 孙兰.建筑电气制图标准：GB/T 50786—2012[S].北京：中国建筑工业出版社,2012

[10] 孙兰.建筑电气制图标准图示：12DX011[S].北京：中国计划出版社,2012

[11] 邱关源.电路基础[M].第5版.北京：高等教育出版社,2006

[12] 舒为清.电子技术项目教程[M].西安：西北工业大学出版社,2020.

[13] 江蜀华.电工电子学[M].北京：清华大学出版社,2019.

[14] 付雯.电机与拖动基础[M].北京：北京工业大学出版社,2020.

[15] Albert Malvino.电子电路原理[M].北京：机械工业出版社,2015.

图书资源支持

感谢您一直以来对清华版图书的支持和爱护。为了配合本书的使用，本书提供配套的资源，有需求的读者请扫描下方的"书圈"微信公众号二维码，在图书专区下载，也可以拨打电话或发送电子邮件咨询。

如果您在使用本书的过程中遇到了什么问题，或者有相关图书出版计划，也请您发邮件告诉我们，以便我们更好地为您服务。

我们的联系方式：

地　　址：北京市海淀区双清路学研大厦 A 座 714

邮　　编：100084

电　　话：010-83470236　010-83470237

客服邮箱：2301891038@qq.com

QQ：2301891038（请写明您的单位和姓名）

资源下载：关注公众号"书圈"下载配套资源。

资源下载、样书申请

书圈

图书案例

清华计算机学堂

观看课程直播